BERNHARD EDMAIER

atelier erde

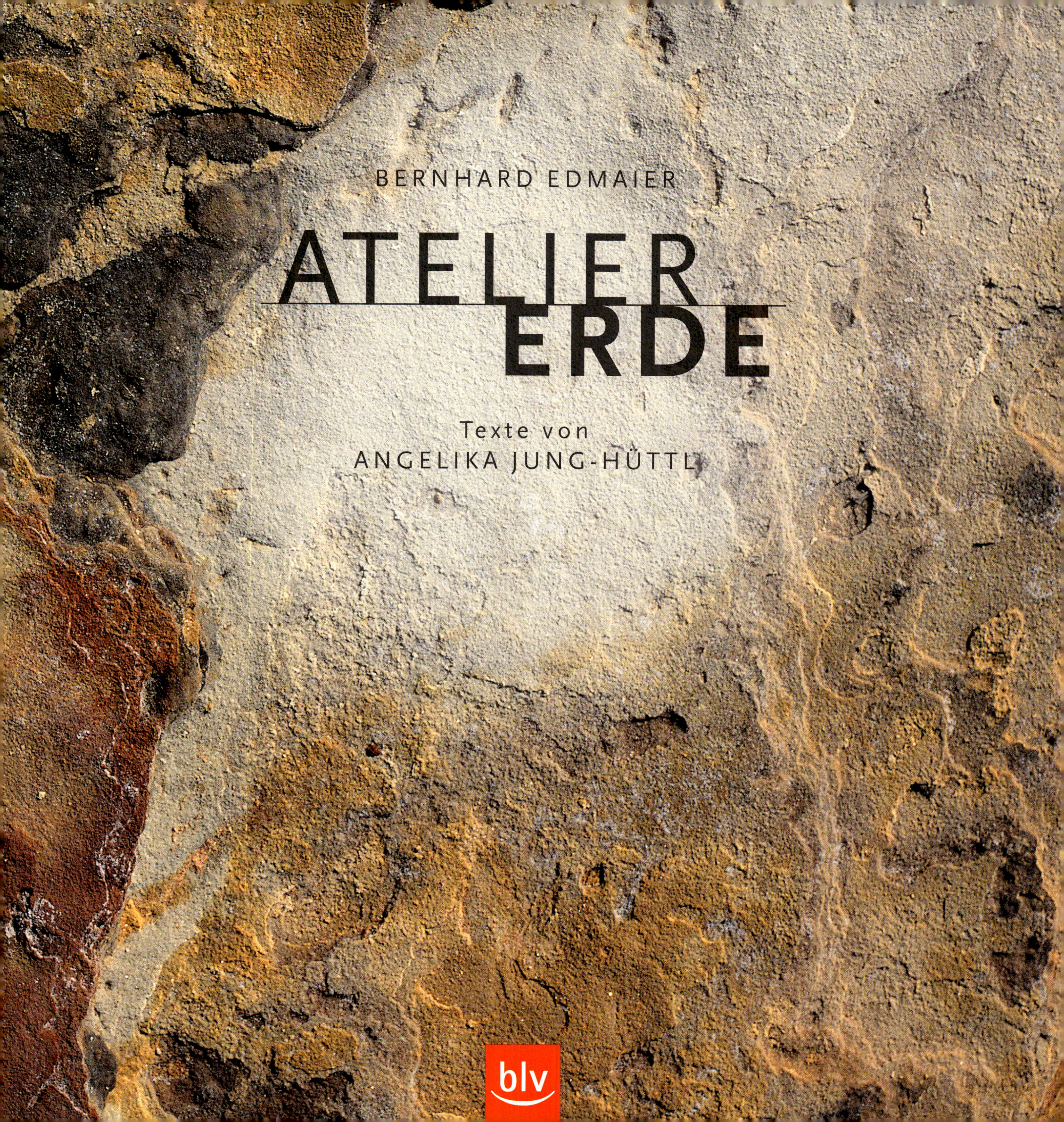

BERNHARD EDMAIER

ATELIER ERDE

Texte von
ANGELIKA JUNG-HÜTTL

blv

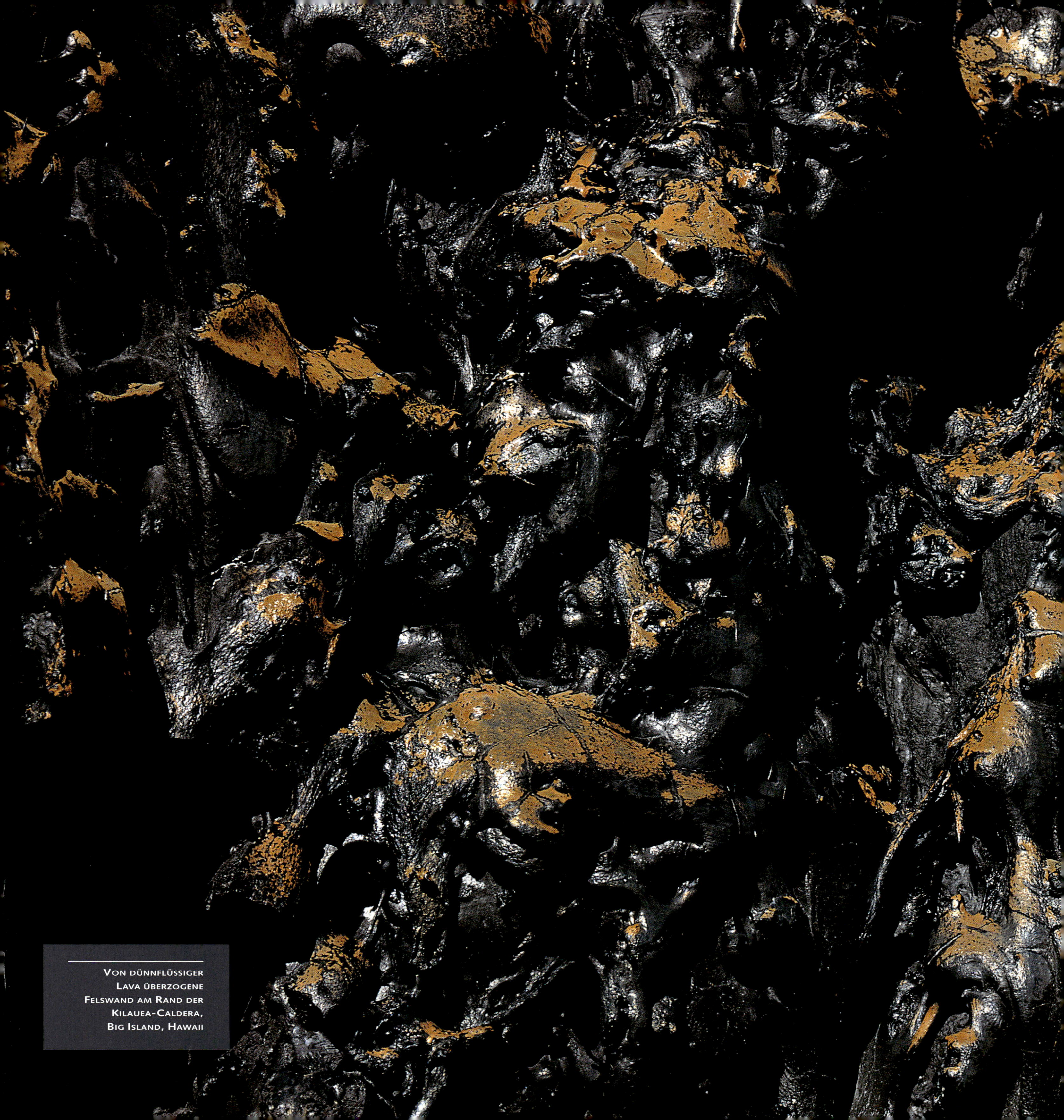

Von dünnflüssiger Lava überzogene Felswand am Rand der Kilauea-Caldera, Big Island, Hawaii

inhalt

wie die farben auf die erde kamen 6

gelb 12

rot 34

blau 60

grün 86

braun 114

schwarz weiß 134

nachwort 154

wie die farben auf die erde kamen

Der Pilot blickt noch einmal auf die Instrumente im Cockpit, prüft die Funktion der Landeklappen an den Tragflächen und testet die Beweglichkeit des Heckruders. Dann gibt er Gas. Die Maschine heult auf und los geht's. Das kleine Flugzeug, eine Cessna 207, gleitet erstaunlich sanft über die holprige Schotterpiste hinaus und steigt hinauf in den blauen Nachmittagshimmel.

Die wenigen Sträucher in der staubigen Landschaft werden rasch kleiner. Wir fliegen über den schroffen Gipfeln der Flinders Range, einem uralten Gebirge am Rand der Wüste Australiens. Unter uns ist alles rot. Die Felswände sind von einer rotbraunen Kruste überzogen. An den flacheren Hängen wechselt die Farbe des Boden zwischen orange- und ziegelrot. Nur in den engen Tälern, wo das wenige Regenwasser nicht so rasch verdunstet, ist die Erde dicht von Bäumen und Sträuchern bedeckt. Die Pflanzen setzen allerdings mehr graue als grüne Akzente in dieser trockenen, heißen Gegend.

Tiefrot dagegen sind die wenigen steinigen Straßen, die durch das Gebirge führen. Bergleute haben die Fahrwege angelegt, als sie in dieser Wildnis nach Lagerstätten suchten. Viel Kupfer und Uran haben sie hier gefunden, erzählt der Pilot. Die rote Farbe kommt allerdings vom Eisen. Es ist in der Flinders Range nicht in abbauwürdigen Mengen konzentriert, sondern sitzt fein verteilt im Gestein und im Boden, wie fast überall in Australien. Es macht das Land zum roten Kontinent.

rot durch verwitterung

Eisenminerale gehören zu den wichtigsten Farbpigmenten der Erde, nicht nur in Australien, sondern auf allen Kontinenten. Sie sorgen für das Braun, Beige, Gelb, Orange, Rot und sogar Violett, vor allem in den Wüsten und Halbwüsten der Welt. Doch auch im warmen, halbtrockenen Klima der Mittelmeerländer färben sie die Bodenkrume rot. Terra Rossa nennen die Menschen dort diese Erde. In den feuchten Tropen laugt das Regenwasser das Gestein im Untergrund völlig aus und transportiert einen Teil der Mineralien ab. Zurück bleiben kaum lösliche Eisenverbindungen. So entsteht der leuchtend rote Laterit, der, weil er zugleich eine Menge Aluminium enthält, der wichtigste Rohstoff für dieses Metall ist.

Eisenhaltiger Fels in der Flinders Range, Südaustralien

Die weite Verbreitung des färbenden Eisens ist nicht verwunderlich. Denn Eisen zählt, chemisch gesehen, zu den häufigsten Elementen in der Erdkruste. Sechs Gewichtsprozent der harten Gesteinsrinde unseres Planeten bestehen aus Eisen. Es liegt damit von den nur acht Elementen, welche 90 Prozent der Erdkruste bilden, an vierter Stelle – nach Sauerstoff, Silizium und Aluminium, die mit 46, 28 und 8 Prozent vertreten sind. Betrachtet man dagegen die gesamte Erde einschließlich ihrer Kernmasse, dann nimmt Eisen sogar 35 Prozent ein. Also besteht mehr als ein Drittel der Gesamtmasse der Erde aus Eisen!

Ursprünglich ist Eisen stahlgrau. Die Gelb-, Rot- und Brauntöne großer Bereiche der Erdoberfläche ergeben sich erst in Verbindung mit anderen Elementen und durch die feine Verteilung. Wie konnte die Erde diese Farben hervorbringen?

zurück zu den anfängen

Die Frage führt weit in die Erdgeschichte bis zu den Anfängen unseres Planeten zurück. Vor mehr als viereinhalb Milliarden Jahren, als die Erde sich in der Weite des Alls aus kosmischer Materie zu formen begann, war schon eine Menge Eisen vorhanden.

Lavakruste über rotglühender Schmelze am Fuss des Kilauea-Vulkans auf Big Island, Hawaii

Wissenschaftler schließen dies aus der Zusammensetzung von Meteoriten, Gesteinstrümmern aus dem All, von denen jährlich schätzungsweise bis 19 000 Stück auf die Erde fallen. Sie bestehen hauptsächlich aus Eisen, außerdem aus Nickel und so genannten silikatischen Mineralien. Trotz des vielen Eisens zeigte die junge Erde jedoch nicht die Farbenvielfalt wie heute. Es gab keine Wüsten und Halbwüsten mit den charakteristischen roten, gelblichen und braunen Gesteinen, auch keine blauen Ozeane, keine weißen Gletscher und schon gar keine grüne Pflanzendecke.

Nach derzeit gültiger Theorie wirbelte die Erde damals als dichte Wolke aus kosmischen Staub und Planetentrümmern durch das All. Immer wieder schlugen Asteroiden ein. Durch die ständige Zufuhr an Masse und die permanente Rotation heizte sie sich auf und wandelte sich allmählich zu einem glühenden Ball. Auch der Zerfall radioaktiver Elemente trug dazu bei, die Temperatur der jungen Erde zu erhöhen. Sie stieg auf etwa 2000 Grad Celsius.

erst eine schwarze kruste

Lavaseen geben heute einen Eindruck davon, wie es auf der Oberfläche der jungen Erde ausgesehen haben könnte: Die äußere Haut der glühenden Schmelze erstarrt zu einer schwarzen Kruste, die durch die Bewegung der unter ihr kochend heißen flüssigen Masse immer wieder in Schollen zerrissen wird. Die harten Platten

ÄTZENDE DÄMPFE AM SCHWEFELGELBEN RAND DES FOSSA-KRATERS AUF DER INSEL VULCANO, ITALIEN

schwimmen auf der brodelnden Lavasuppe, weichen auseinander oder stoßen zusammen, schieben sich übereinander und gleiten wieder in die Tiefe. Erst wenn die Hitzezufuhr aus dem Erdinnern abnimmt, kommt der See zur Ruhe und die spröde dünne Haut wird allmählich zu einer dicken Kruste.

Die große Hitze sorgte für eine tief greifende Umstrukturierung im Inneren der jungen Erde. In der ursprünglich homogenen Masse aus kosmischem Material sackte der Großteil des Eisens und anderer schwerer Bestandteile wie Nickel ins Zentrum ab, das leichtere silikatische Material stieg zur Oberfläche. So erklären heute die Wissenschaftler den Schalenbau der Erde mit dem schweren Eisen-Nickel-Kern, einer Kruste aus leichtem, silikatreichem Gesteinsmaterial und dem Erdmantel dazwischen. Doch nicht die gesamte Eisenmasse ist in den Kern abgewandert. Sechs Prozent des Eisens konnten sich in den Silikaten der Erdkruste festsetzen. Bis die Bedingungen so günstig waren, dass sich daraus die spektakulären Farben entwickeln konnten, dauerte es jedoch noch Jahrmilliarden.

Der frischen Kruste entströmten ständig Gase. Sie bildeten im Lauf der Zeit die Uratmosphäre, die chemisch wohl den Ausdünstungen der heutigen Vulkane ähnlich war. Aus deren Schloten quellen hauptsächlich Wasserdampf, Wasserstoff, Salzsäure- und Schwefelgase, Kohlendioxid und Stickstoff – aber kein freier Sauerstoff!

Der Wasserdampf aus den Kratern der frühen Erdoberfläche türmte sich zu Wolken auf. Es begann heftig zu regnen. Der Niederschlag sammelte sich in Senken. Seen und Ozeane entstanden, so die Theorie. Einige Experten nehmen dagegen an, das Wasser – oder zumindest ein Teil davon – könnte auch durch den Einschlag von Kometen, Eisklumpen aus dem All, auf die Erde gelangt sein.

blaues urmeer

Wenn zu dieser Zeit ein Astronaut mit einem Raumschiff um die Erde kreisen und die Szenerie hätte beobachten können, wäre ihm vermutlich neben der schwarz-grauen Gesteinskruste eine weitere Farbe aufgefallen: das Blau der Meere. Es nahm wohl damals schon den größeren Teil der Erdoberfläche ein. Die Palette der großflächig verteilten gelblichen, roten und braunen Töne auf den grau-schwarzen Kontinenten kam erst hinzu, als sich freier Sauerstoff in der Uratmospäre gebildet hatte. Denn erst durch die enge Verbindung zu diesem Element bringt Eisen Farbe in weite Landstriche.

Wichtig ist auch das Regenwasser: Es zersetzt die dunklen eisenhaltigen Silikatmineralien – und davon waren in den Gesteinen der jungen Kontinente eine Menge vorhanden. Dabei

SANDBÄNKE IM FLACHEN WASSER DER GROSSEN BAHAMA-BANK

geben die Silikate das Eisen frei. Der Sauerstoff im Wasser und in der Luft kann sich nun mit ihm zusammentun.

Das Eisen trennt sich gerne von den Silikaten und verbündet sich dafür mit dem Sauerstoff . Denn diese Partnerschaft ist stabiler. Sie kann der Verwitterung besser trotzen. Beim Zusammenschluss mit Sauerstoff wird Eisen zum schwarzroten Eisenoxid, auch Blutstein oder Hämatit genannt (chemische Formel Fe_2O_3), oder zum Eisenhydroxid Goethit (FeOOH), das neben dem Eisen und dem Sauerstoff auch noch Wasserbestandteile in sein Kristallgitter eingebaut hat. Rost auf Nägeln, Stahlgittern, Balkongeländern und anderen Eisenteilen ist chemisch gesehen nichts anderes als eine Mischung aus solchen Eisenoxidverbindungen.

farbe
durch sauerstoff

Die Erde hatte vermutlich schon mehr als die Hälfte ihrer bisherigen Existenz hinter sich, als auf dem Festland das Gestein erstmals von einer rötlichen, braunen und auch gelblichen Verwitterungskruste überzogen wurde. Die ältesten »festländischen Rotsedimente«, wie Geologen sagen, sind etwa 1,8 bis 1,9 Milliarden Jahre alt. Sie sind heute nur noch an wenigen Plätzen auf der Erde zu finden wie zum Beispiel unter den uralten Gesteinen auf Grönland.

Woher kam aber nun der Sauerstoff, der die Farbigkeit unseres Planeten so sehr bereicherte?

Das lebensnotwendige Gas, das heute 21 Prozent der Luft ausmacht, reicherte sich in der Uratmosphäre erst an, nachdem sich in den Meeren bereits Leben gebildet hatte. Das passierte vor etwa 3,5 Milliarden Jahren. Die ersten Sauerstoffproduzenten waren vermutlich Cyanobakterien, das sind primitive Einzeller, die – ähnlich wie heute die Pflanzen – Photosynthese betreiben, um sich am Leben zu erhalten. Sie erzeugen aus Kohlendioxid und Wasser mit Hilfe der Energie des Sonnenlichtes ihre Nährstoffe. Bei diesem Prozess entsteht Sauerstoff als Abfallprodukt. Er reicherte sich zunächst im Urozean, dann auch in der damals noch lebensfeindlichen Atmosphäre der jungen Erde an.

Viele Einzelheiten dieses Vorgangs liegen noch im Dunkeln. Es ist auch noch ein Rätsel, warum es mehr als eineinhalb Milliarden Jahre gedauert hat, bis genügend Sauerstoff in der Atmosphäre zur Verfügung stand, um mit Eisen die gelb und rot färbenden Verbindungen einzugehen und die ersten Rotsedimente zu bilden.

grüne landnahme

Weitere Jahrmilliarden mussten vergehen, bis die Farbe Grün die Kontinente eroberte. Sie erschien erstmals am Ende des Erdzeitalters Silur vor etwa 420 Millionen Jahren, also 3 Milliarden Jahre, nachdem Bakterien zum ersten Mal Sauerstoff im Urmeer produzierten.

Die Pioniere unter den Pflanzen, die sich aus dem Wasser ans Land wagten, waren stengelige Sumpfgewächse. Sie säumten zunächst die Ufer. Es dauerte nochmals etwa 50 Millionen Jahre, bis die Pflanzen stützende Stämme, Versorgungsgefäße und Wurzeln ausgebildet hatten, die es ihnen erlaubten, auch außerhalb des Wassers selbstständig zu leben. Erst seit dieser Zeit breitete sich Vegetation über die Kontinente aus und ließ die Landschaften ergrünen. Besonders dicht waren die Wälder zur Karbonzeit vor etwa 300 Millionen Jahren. Die Bäume erreichten Höhen von 30 Metern. Das Unterholz muss undurchdringlich gewesen sein.

Aus dem Weltall betrachtet, hätte sich die Erde am Ende der Karbonzeit in den selben Farben gezeigt wie heute. Allerdings waren Wasser und trockener Boden anders verteilt. In dem riesigen blauen Ozean gab es nur drei Landmassen: Zwei kleinere auf der Nordhalbkugel und den Riesenkontinent Gondwana, der später in die heutigen Erdteile zerfallen sollte.

Der Äquatorbereich von Gondwana, aber auch die warmen, feuchten Gegenden auf den kleineren Landmassen im Norden waren von großen grünen Arealen bedeckt. Dort gediehen riesige Sumpfwälder. Aus ihren Resten bildeten sich im weiteren Verlauf der Erdgeschichte die Steinkohlenlagerstätten, die heute in China, Mitteleuropa, Russland und Nordamerika ausgebeutet werden.

Am Westrand von Gondwana lag ein flaches, vermutlich blaugrünes Schelfmeer. Hier lagerte sich ein Paket aus Kalkschichten ab, das heute als imposanteste Felsstufe im Grand Canyon im Südwesten Amerikas zu bewundern ist. Die regenarmen Gebiete im Zentrum der karbonzeitlichen Landmassen präsentierten sich als Halbwüsten und Wüsten in gelben, roten und braunen Farben.

ALGENMATTEN AN DER KÜSTE DER FÄRÖER-INSEL EYSUROY IM NORDATLANTIK

Eisberge in der Disko-Bucht, Westgrönland

weiß
durch eis und salz

Auch die Farbe Weiß war vertreten. Gletscher schoben sich auf Gondwana vom Südpol bis fast 30 Grad südlich des Äquators vor. Geologen haben den Moränenschutt, den das Eis hinterließ, in Südafrika, Südamerika, in Australien und in den heute eisfreien Gebieten der Antarktis aufgespürt.

Eis gab es jedoch nicht erst seit der Karbonzeit auf der Erde. Noch bevor auf dem Festland die eisenhaltigen Gesteine weiträumig rot zu verwittern begannen, war es an den Polen und auf den höchsten Gipfeln des Erdballs so kühl, dass Wasser gefrieren konnte. Die ersten Vereisungsspuren der Erdgeschichte sind 2 Milliarden Jahre alt. Sie liegen nahe dem Huron-See im Süden Kanadas.

Im Perm, dem Erdzeitalter nach dem Karbon, hat es zumindest zeitweise noch andere großräumige weiße Flecken auf der Erde gegeben. Vom Äquator bis zu den mittleren Breiten gen Norden existierten einige sehr flache Meeresbecken. Das Klima dort war so heiß und trocken, dass das Wasser mehrmals vollständig verdampfte. Dabei setzten sich helle Salzschichten ab. Auch das heutige Norddeutschland lag in diesem Bereich. Die Salzablagerungen aus jener Zeit sind dort bis zu 1000 Meter dick.

Heute kennt man auf der Erde keine vergleichbaren Meeresbecken. Es gibt jedoch Salzseen in den Wüsten. Sie sind nur alle paar Jahre, nach heftigen Regenfällen, mit Wasser gefüllt. Dann trocknen sie aus und lassen eine helle Salzkruste auf dem Boden zurück.

Im roten Zentrum Australiens liegen mehrere solcher Salzseen – einige davon am Fuß der Flinders Range. Lake Frome und Lake Torrens, beide sind nach bedeutenden Entdeckern des Kontinents benannt, gleichen vom Flugzeug aus einem riesigen Betttuch mit schmutzig grauen Flecken. Überall dort, wo der Wind Staub auf die weiße Fläche geweht hat, ist das Salz mit grauen Schlieren überzogen. Die Sandinseln inmitten der Seen leuchten in der Abendsonne jedoch wie orangerote Edelsteine.

Eine halbe Stunde dauert der Flug zurück zur Landebahn in der Flinders Range. Der Pilot zieht zuerst eine Schleife über der Schotterpiste, um die Kängurus zu vertreiben, die sich dort gerne in der Dämmerung aufhalten. Ein Zusammenstoß wäre fatal. Doch es droht keine Gefahr.

Ein Ruck geht beim Aufsetzen durch die Maschine. Roter Staub wirbelt unter den Rädern auf und bleibt als Wolke in der Luft stehen, bis ihn ein leichter Abendwind verbläst.

Gelb und seine Nuancen bis hin zum Ocker kommen auf der Erdoberfläche häufig vor. Es sind Farben der Verwitterung, besonders in den feuchten Klimazonen. Fast immer rühren Gelbtöne

gelb

VERWITTERNDES VULKANGESTEIN IM TAL VON KJÓS AM VATNAJÖKULL, DEM GRÖSSTEN GLETSCHER EUROPAS, ISLAND (LUFTAUFNAHME)

von fein verteilten Eisenmineralien her, von den so genannten Eisenhydroxiden, einer ganzen Familie von Verbindungen, die in winzigen Mengen Wasser ins Kristallgitter eingebaut haben.

Nicht nur Sand und Sandsteine, auch Kalke und Marmore oder verwittertes Vulkangestein können gelblich gefärbt sein. Manchmal sind sie nur von einer gelblichen Kruste überzogen, manchmal ganz von der Farbe durchsetzt.

Reines intensives Gelb bis hin zu leuchtendem Orange dagegen ist meistens nur in eng begrenzten Bereichen zu finden – zum Beispiel in Vulkangebieten, wo Fumarolen, heiße ätzende Gase, aus dem Boden quellen. Sie enthalten häufig Schwefel, der sich in bunten Krusten um die Austrittslöcher absetzt.

Schwefelablagerungen am Leihrnjúkur, Island

Eine fragile Kruste überzieht den vulkanischen Boden. Sie besteht aus verschiedenen Mineralien, darunter auch

schwefel
und gips

Sie setzen sich ab, wenn heiße ätzende Gase aus dem Untergrund empordringen, abkühlen und mit dem Sauerstoff in der Luft reagieren.

Mündungsgebiet des Deep Creek bei Broome, Westaustralien (Luftaufnahme)

gelber quarzsand

setzt Kontraste in der silbergrauen, von grünem Mangrovendickicht gesäumten Schlicklandschaft, die im Wechsel der Gezeiten vom Meer überflutet wird. Der Wind hat ihn vom Festland angeweht und zu kleinen Dünen angehäuft.

Hügellandschaft am Rand der Simpson-Wüste im Zentrum Australiens (Luftaufnahme)

die wenigen regengüsse

die in dieser trockenen Gegend nur ein- oder zweimal im Jahr niedergehen, hinterlassen deutliche Spuren an den flachen Flanken des gelblichen Rückens inmitten des rostbraun verkrusteten Wüstenplateaus. Fein verzweigte Rinnen führen das Wasser dem großen Trockenfluss zu.

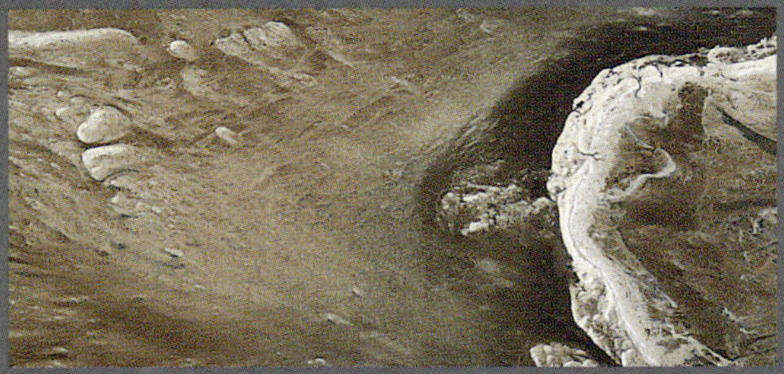

Uferbereich des Natronsees in Tansania, Ostafrika (Luftaufnahme)

in girlanden

legen sich Mineralsalze auf den gelbbraunen und blaugrauen Schwemmsand des Deltas. Sie stammen aus den sodahaltigen Quellen, die nicht weit vom Seeufer entspringen. Schlieren aus Algen durchziehen das Wasser.

Mammoth Hot Springs im Yellowstone-Nationalpark, Wyoming, USA

Warmes Wasser nährt die Bakterien und Algen, welche die weiße

sinterkruste

gelb färben

bis hin zu braun und grün. Erhitzt wird es im vulkanischen Untergrund. Es löst dabei Kalk aus dem Gestein und transportiert ihn zur Erdoberfläche. Sobald es dort mit der kalten Luft in Berührung kommt, wird der Kalk ausgefällt und setzt sich in treppenförmigen Gebilden ab.

Fluss auf dem Landeyjar-Sander, Island (Luftaufnahme)

saures moorwasser

löst Eisen aus dem dunklen Vulkangestein und strömt einem Flusslauf zu. Überall, wo es unterwegs seine Fracht ablagert, leuchtet der Boden im Sonnenlicht orange und gelbbraun.

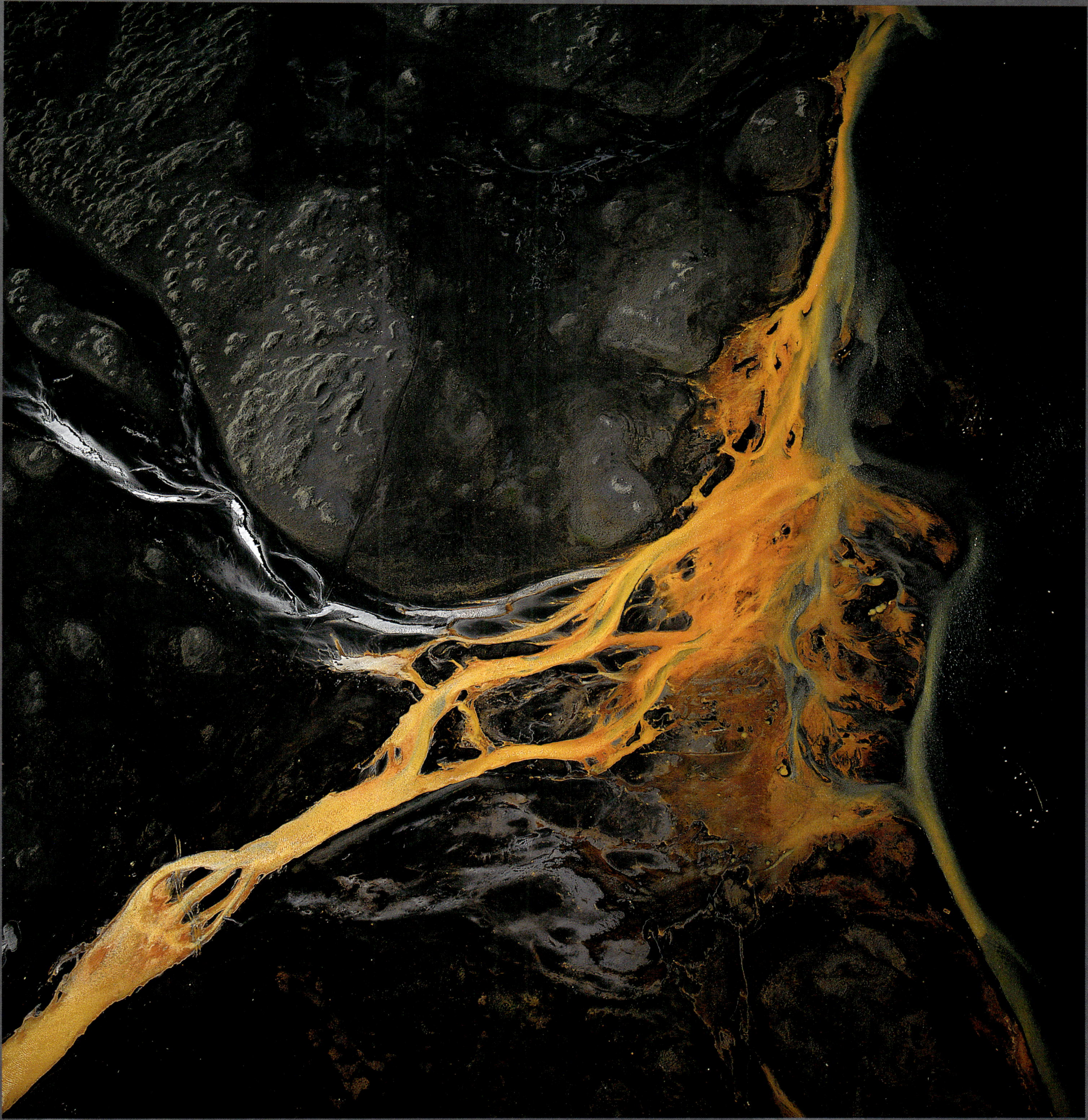

Tonsteinschichten in einer Biegung des Arkaroola-Tales, Flinders Range, Südaustralien (Nahaufnahme)

Die Einheimischen nennen dieses Schichtpaket aus zentimeter- bis millimeterdünnen Lagen

ockerwand

Manganmineralien färben das Tongestein rosa bis violett, das Gelb wird von Eisenverbindungen hervorgerufen. Die Aborigines, die Ureinwohner Australiens, brechen Stücke aus dieser Lage heraus, pulverisieren sie und verarbeiten sie zu Farben, um damit ihre Körper und Felswände zu bemalen.

BADLANDS NAHE LAS VEGAS IN NEVADA, USA (LUFTAUFNAHME)

Verschiedene Eisenmineralien färben die Ton- und Mergelschichten rot und gelb, die

ursprünglich horizontal

abgelagert und später durch Bewegungen in der Erdkruste schräg gestellt wurden. Wasser hat im Lauf der Jahrmillionen Täler ausgespült und dabei das Schichtpaket angeschnitten.

Delta am Lake Torrens, zentralaustralische Wüste (Luftaufnahme)

ein sandfächer als zeuge

der Fluten, die sich in Regenperioden in das ausgetrocknete Seebecken ergießen. Die Niederschläge fallen oft viele Kilometer vom See entfernt. Sie schwemmen Wüstensand in ein Flussbett, transportieren ihn dort mit sich fort und breiten ihn auf der weißen Salzkruste des Seebodens wieder aus.

Sandwatt an der Nordsee nahe der Insel Pellworm, Deutschland (Luftaufnahme)

in ein goldenes licht

taucht die Sonne das Watt, während sich das Wasser bei Ebbe zurückzieht und allmählich die Sandbänke vor der Küste freigibt.

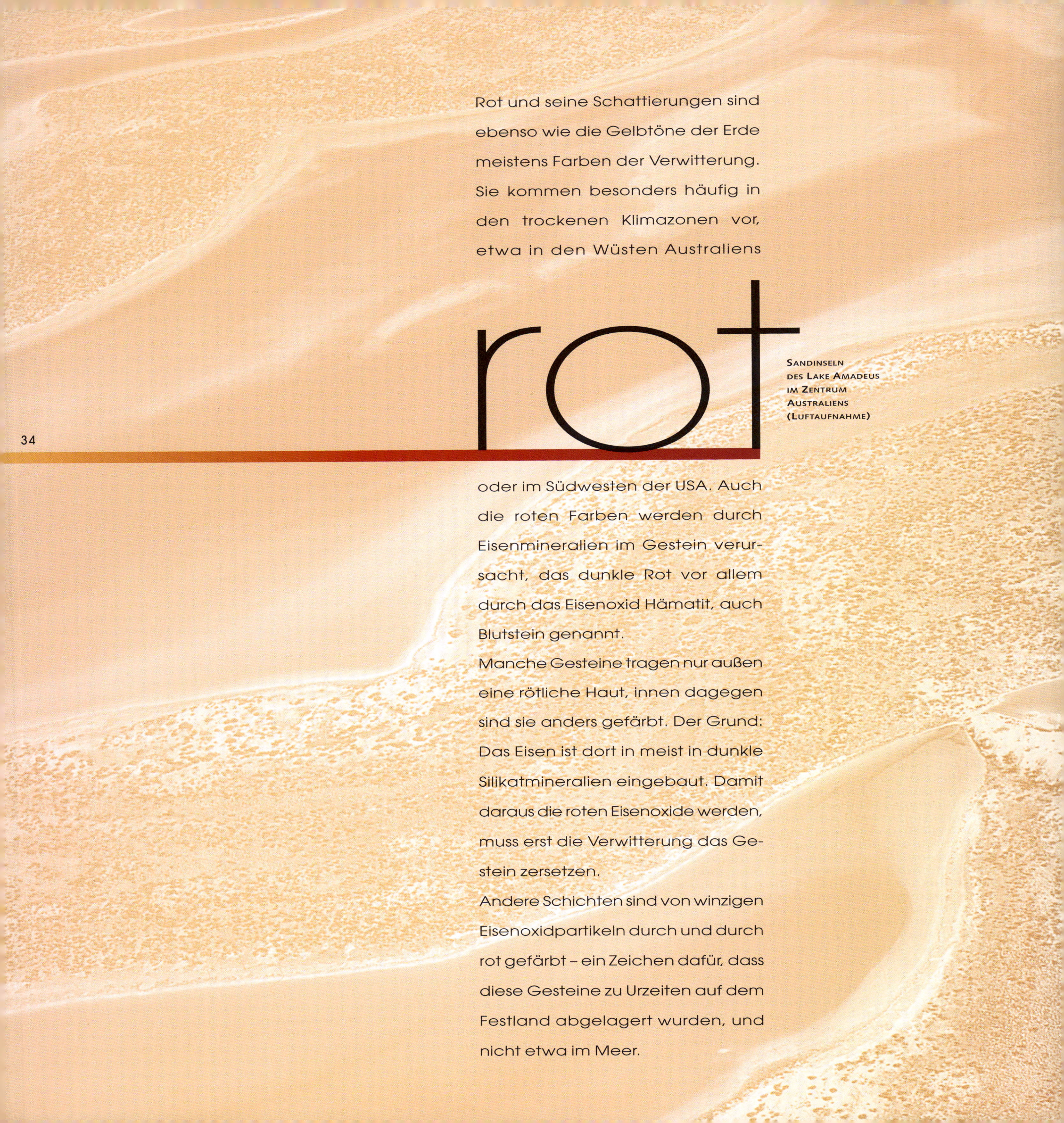

Rot und seine Schattierungen sind ebenso wie die Gelbtöne der Erde meistens Farben der Verwitterung. Sie kommen besonders häufig in den trockenen Klimazonen vor, etwa in den Wüsten Australiens

rot

Sandinseln des Lake Amadeus im Zentrum Australiens (Luftaufnahme)

oder im Südwesten der USA. Auch die roten Farben werden durch Eisenmineralien im Gestein verursacht, das dunkle Rot vor allem durch das Eisenoxid Hämatit, auch Blutstein genannt.

Manche Gesteine tragen nur außen eine rötliche Haut, innen dagegen sind sie anders gefärbt. Der Grund: Das Eisen ist dort in meist in dunkle Silikatmineralien eingebaut. Damit daraus die roten Eisenoxide werden, muss erst die Verwitterung das Gestein zersetzen.

Andere Schichten sind von winzigen Eisenoxidpartikeln durch und durch rot gefärbt – ein Zeichen dafür, dass diese Gesteine zu Urzeiten auf dem Festland abgelagert wurden, und nicht etwa im Meer.

Painted Desert, »bunte Wüste« im Zentrum Australiens (Luftaufnahme)

Die teils dunkelrote, teils braune Kruste, die Sand und Steine in dieser heißen trockenen Gegend überzieht, heißt

wüstenlack

Dieses Gemisch aus Eisen- und Manganoxiden braucht sehr lange zum Entstehen. Wo das Wasser der seltenen Regenfälle und der Wind den verkrusteten Boden abtragen, kommt der ursprünglich helle Untergrund zu Tage.

ERDPYRAMIDEN
BEI BOZEN, ITALIEN

schlanke
kegel

hat das Regenwasser aus dem Gemenge von Sand, Ton und Steinen herauspräpariert, das Gletscher vor vielen Jahrzehntausenden abgelagert haben. Feinst verteilte Eisenoxide färben die Gebilde, die bis zu 15 Meter hoch sind, hellrot.

Landschaft im Westen des Lake Mead, Nevada, USA (Luftaufnahme)

Der Wind und das Wasser der seltenen Regenfälle haben in dieser Halbwüste die graue Deckschicht abgetragen und den

roten fels
freigelegt

Der Schutt füllt die ausgetrockneten Flusstäler des Sandsteinplateaus, auf dem sich härtere Rippen als paralleles Streifenmuster abzeichnen.

SANDSTEIN AN DER KÜSTE VON BROOME, WESTAUSTRALIEN (NAHAUFNAHME)

Einer Miniaturlandschaft gleicht die Oberfläche des Sandsteins, der

von klüften durchzogen

ist. Die gelben, roten und braunen Farben stammen von verschiedenen Eisenmineralien. Bei Flut wird der Fels vom Meerwasser überspült. Es lässt beim Verdunsten weiße Salzkörnchen zurück.

Landschaft
am Östlichen
Alligator River,
Nordaustralien
(Luftaufnahme)

algen und bakterien

färben die Sümpfe rotbraun und rosa. Wenn die Flüsse und Bäche zu Beginn der Regenzeit anschwellen, wird viel Schlamm aufgewühlt. Er macht das Wasser grau, ockrig und braun.

Stollenwand im Salzbergwerk Berchtesgaden, Deutschland (Nahaufnahme)

Vor 250 Millionen Jahren war Süddeutschland eine Wüste am Rande des Urmittelmeeres. Der Wind wehte feinen Staub in die Uferlagunen. Als diese in dem heißen Klima austrockneten, blieben dunkelgraue tonschichten zurück – und

steinsalz

durch Eisenminerale der Wüste rot gefärbt. Bei der Alpenhebung wurden die Schichten verformt und in Falten gelegt.

Inseln des Lake Amadeus im Zentrum Australiens (Luftaufnahme)

Nur selten füllt Wasser das Seebecken zwischen den

feuerroten sandinseln

im Lake Amadeus. Darauf haben sich Wüstenpflanzen angesiedelt, welche die langen Trockenperioden zwischen den Regenzeiten überstehen können.

Sheep Mountain im Bighorn Basin, Wyoming, USA (Luftaufnahme)

Regen und Wind haben diesen Bergrücken aus dem mächtigen Schichtpaket von grauen, roten und wieder grauen Lagen herauspräpariert.

die rote partie

ist etwa 200 Millionen Jahre alt. Die Farbe dieser eisenhaltigen Sandsteine und Tonschiefer zeugt davon, dass sie auf dem Festland abgesetzt wurden. Während der Entstehung der grauen Mergelschichten darunter und darüber war hier dagegen ein Meer.

Ngauruhoe-Krater im Tongariro-Nationalpark auf der Nordinsel Neuseelands (Luftaufnahme)

eisenhaltige schlacken

aus dem Schlund des Vulkans färben die Kraterränder rot. Der 2291 Meter hohe Feuerberg ist 1977 das letzte Mal ausgebrochen. Zu Schaden kam aber dabei in dieser menschenleeren Gegend niemand.

Vulkanboden auf der Halbinsel Reykjanesviti im Südwesten Islands (Nahaufnahme)

heißes ätzendes wasser

und Dampf aus dem vulkanischen Untergrund transportieren Metallverbindungen zur Erdoberfläche und setzen sie ab, sobald sie dort mit der Kühle und dem Sauerstoff der Luft zusammentreffen. Eisenoxide färben hier den zerrissenen Boden rot. Durch Nickel-Arsen-Salze wird er grünlich. Blau kommt vom Kupfervitriol und Gelb vom Schwefel.

Sanddünen nahe dem Ayers Rock im Zentrum Australiens (Luftaufnahme)

an schriftzeichen erinnern

die roten Dünen im heißen, trockenen Herzen Australiens. Ihre unregelmäßige Form und Verteilung dokumentieren, dass der Wind hier aus verschiedenen Richtungen weht.

LEIRHNJÚKUR IM NORDOSTEN ISLANDS (LUFTAUFNAHME)

Die schwarze Lava ist relativ frisch. Sie strömte erst vor wenigen Jahren aus der Erde und umschloss als glühende Schmelze den langgezogenen Hügel

aus altem vulkangestein

Dieses wurde während eines lange zurück liegenden Ausbruchs ausgestoßen und ist von Eisenmineralien rot gefärbt ist.

Von der Strömung zusammengetriebener Sand auf der Bahama-Bank nahe der Insel Great Exuma (Luftaufnahme)

Blau ist die Farbe der Ozeane und damit die Hauptfarbe der Erde. Sie überdeckt etwa 70 Prozent ihrer Oberfläche. Richtig blau schimmern Meere, auch Seen

blau

und Flüsse allerdings nur dann, wenn kaum Schwebteilchen das Wasser trüben.

Nur von klarem Wasser wird hauptsächlich der blaue Anteil des Sonnenlichts reflektiert und ergibt die Farbe, die wir mit unseren Augen sehen. Winzige Algen oder aufgewühlter Schlamm machen Wasser dagegen blaugrün, grau oder braun.

Aus demselben Grund wie das Meerwasser kann auch Gletschereis blau erscheinen – je dichter es ist, desto intensiver wirkt die Farbe. Weiß oder grau dagegen ist das Eis, wenn es von vielen winzigen Luftbläschen durchsetzt wird, die das einfallende Sonnenlicht streuen.

KORALLENPLATTFORM
DES NÖRDLICHEN
GREAT BARRIER REEF,
AUSTRALIEN
(LUFTAUFNAHME)

vom licht durchflutet

ist das klare und deshalb so blaue Wasser um das kleine Riff. Korallen können darin nur leben, weil Mangrovenwälder vor der australischen Nordostküste den Schlamm der Flüsse zurückhalten, der hier das Meer trüben würde. Die kleine Insel aus Korallensand ragt nur bei Ebbe über den Meeresspiegel.

Gletscherfront des Breidamerkurjökull, Südisland (Luftaufnahme)

eine blaugrüne mixtur

ergibt sich vor der Stirn dieses Eisstromes: Ein Fluss transportiert trübe Gletschermilch in den dunklen Schmelzwassersee, in dem frisch gekalbte Eisberge treiben. Vulkanasche zeichnet schwarze Muster auf das Eis und überdeckt die Uferlandschaft mit einer schwarzen Schicht.

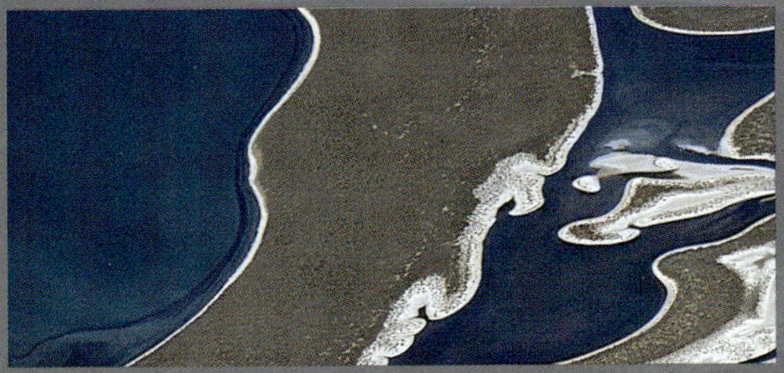

Salzseen und Salzablagerungen, Carrizo Plain, Kalifornien, USA (Luftaufnahme)

Verschiedene Bakterienarten bringen die gelbe, grünliche, braune und auch die blaue Farbe in diese Halbwüste. Das sehr salzhaltige Wasser in den Tümpeln ist für sie

das lebenselexier

Wenn es vollständig verdunstet ist, nisten sich die winzigen Organismen in der weißen Salzkruste am Boden ein und warten – auch jahrelang – auf den nächsten Regen.

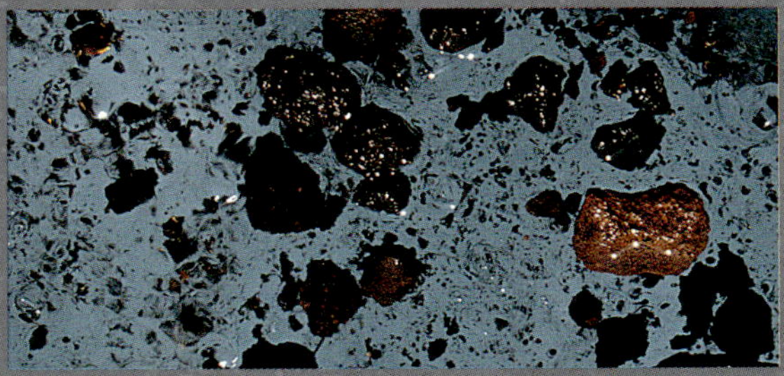

Auf dem Gletschereis des Svinafellsjökull, Südisland (Nahaufnahme)

blau schimmert

Gletschereis, wenn es besonders dicht und hart ist. Die dunklen, von der Sonne erwärmten Steine schmelzen sich allmählich in die Eisfläche hinein.

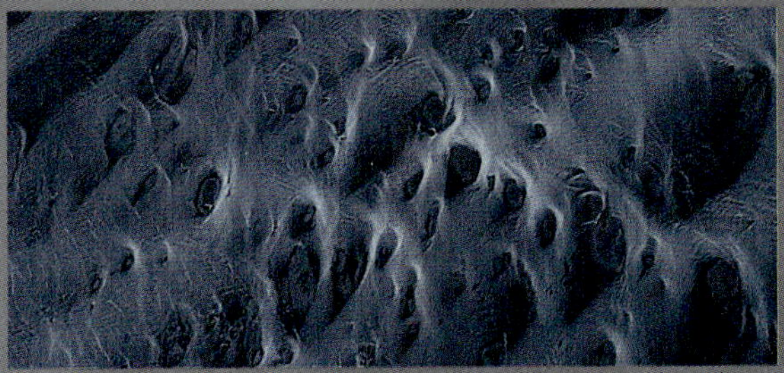

Küste des Skeidarár-Sanders in Südisland (Luftaufnahme)

von windböen

wird trübes Schmelzwasser, das vom nahe gelegenen Gletscher heranströmt, über den dunklen Lavasand der Küste getrieben. Es findet keinen Weg über den schwarzen Strandwall ins Meer.

GRAND PRISMATIC SPRING, YELLOWSTONE-NATIONALPARK, USA (LUFTAUFNAHME)

im blauen zentrum

der dampfenden Quelle ist das Wasser 80 Grad Celsius heiß. Matten aus Cyanobakterien überziehen am kühleren Beckenrand sowie in den Abflusskanälen den Boden und färben ihn grün, gelb, orangerot und braun. Die Mikroorganismen brauchen die Hitze zum Leben.

Am Eisrand des Dyngjujökull, Island (Luftaufnahme)

wie mosaiksteine liegen

Tümpel und Seen auf dem Gemenge aus Eis und Schutt im Vorfeld des Gletschers. Feinste Staubpartikel machen das Wasser trüb und verleihen ihm, je nach Anreicherung, die grünblaue bis schlammgraue Farbe.

Grosse Bahama-Bank nahe der Insel Eleuthera (Luftaufnahme)

der meeresgrund

zwischen den Eilanden und Riffen der Bahamas liegt nur knapp unter dem Wasserspiegel. An der Farbe lesen die Inselbewohner die Tiefe ab: bis 10 Meter leuchtet das Meer grünlich bis türkis, tieferes Wasser schimmert blau. Strömungen haben den Sand zu Dünen zusammengetrieben.

Schmelzwassersee auf dem Vatnajökull, Island (Luftaufnahme)

Wenn die Eisdecke der Seen auf seiner Oberfläche zerbricht, bekommt der Gletscher Farbe. Das Schmelzwasser

strahlt

intensiv

blau

weil es nahezu frei von Schwebstoffen ist. Das von Spalten durchsetzte Eis wird vom Vulkanstaub schwarz gefärbt.

FLUSS IM ORD-RIVER-DELTA, WESTAUSTRALIEN (LUFTAUFNAHME)

wie adern

durchziehen die Flussarme diese Gezeitenebene, die bei höchster Flut völlig vom Wasser bedeckt ist. Der Uferschlamm, der durch die Strömung mitgerissen wird, hinterlässt graue Schlieren an den Rändern der blauen Wasserläufe.

Schmelzwasser
auf dem Vatnajökull,
Island
(Luftaufnahme)

ein kristallklarer see

entsteht auf dem Gletscher, wenn an sonnigen Tagen das zerfurchte und von Vulkanasche schwarz gefärbte Eis zu schmelzen beginnt. Das Wasser fließt dann in Rinnsalen auf die abflusslose Senke zu.

WATT IN DER ROEBUCK BAY, WESTAUSTRALIEN (LUFTAUFNAHME)

bei ebbe

sinkt hier der Wasserspiegel um etwa drei Meter. Weil die Küste sehr flach ist, zieht sich das Meer weit zurück. Es hinterlässt Schlieren aus Wasser und Sand auf dem grauen Schlick des Meeresbodens.

Grosser Ostersee bei Penzberg, Süddeutschland (Luftaufnahme)

grün

Grün ist die Pflanzendecke der Erde. Sie verleiht dem Planeten jedoch nicht nur Farbe, sondern sie festigt und schützt auch den Untergrund. Wind und Wasser können ihn dadurch nicht so leicht abtragen.

Pflanzen gedeihen besonders üppig auf vulkanischen Böden. Denn dort finden sie eine Menge lebenswichtiger Mineralien. Nur sehr spärlich wachsen sie dagegen auf trockenem Terrain. Sind in Wüsten dennoch grüne Flecken zu finden, deutet dies auf Feuchtigkeit in den Bodenschichten hin.

Doch nicht nur das Land, auch Flüsse, Seen und die flachen Meere werden grün, wenn mikroskopisch kleine Algen darin leben. Sie schweben frei im Wasser – je dichter, desto intensiver die Farbe.

Meeresküste vor dem Kakadu-Nationalpark, Nordaustralien (Luftaufnahme)

Im Wechsel der Gezeiten überschwemmt das Meer das

dickicht aus mangroven

an der Küste. Die vielverzweigten Wurzeln dieser Pflanzen können den Schlick halten, den die Wellen anspülen, und stabilisieren so den Ufersaum.

Krater des 2890 Meter hohen Ol Doinyo Lengai in Tansania, Afrika (Luftaufnahme)

bis zum krater

sind die Flanken dieses Feuerberges nur in den Regenzeiten grün. Die Lava, die zeitweise aus den spitzen Kegeln im Krater fließt, ist einzigartig auf der Welt. Sie enthält viel Natrium und Kalium, ist nur etwa 550 und nicht wie üblich mehr als 1000 Grad Celsius heiß und rotglühend, sondern schwarz. Nach dem Abkühlen wird sie innerhalb weniger Tage weiß.

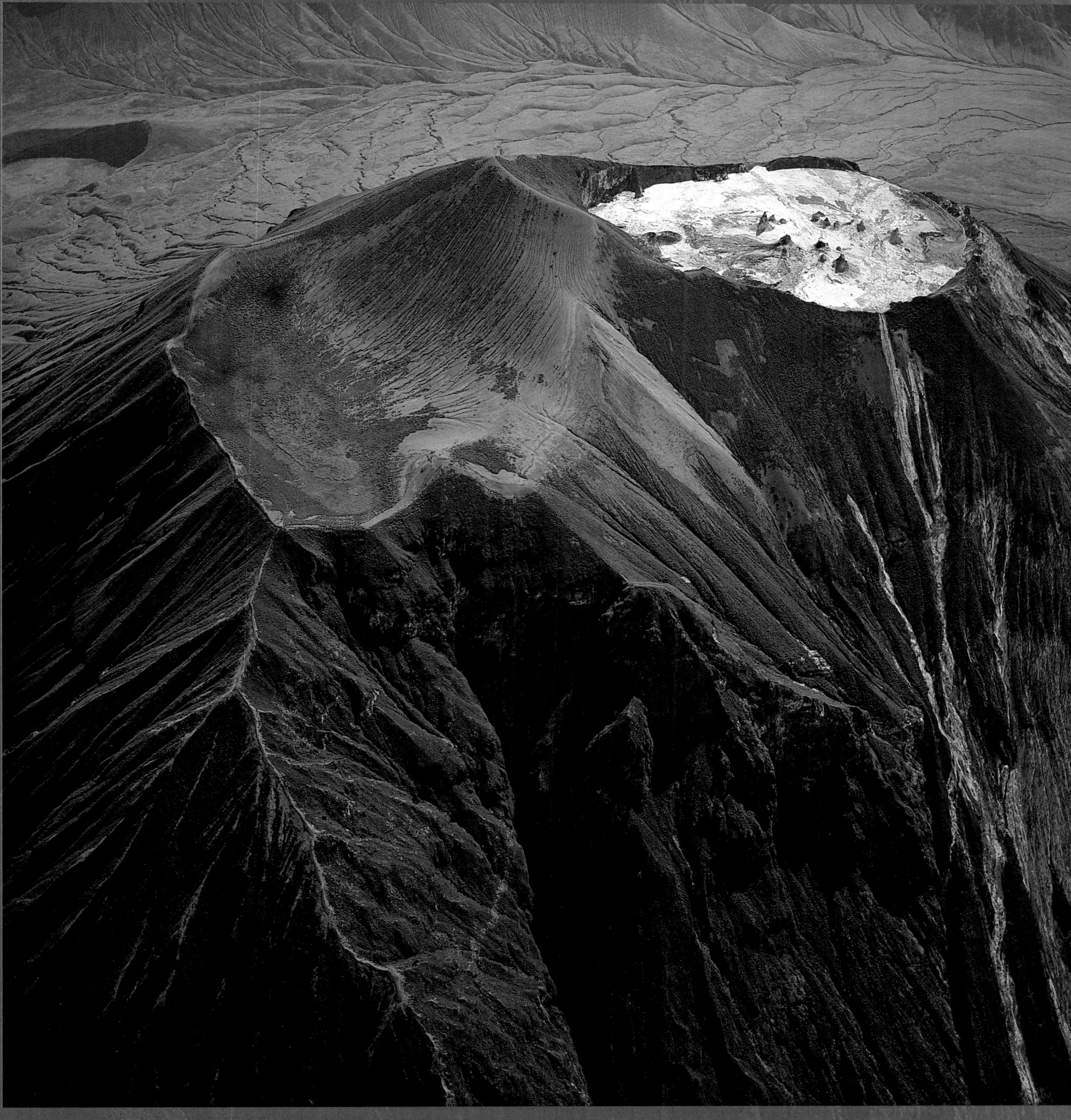

Schlucht im Bungle-Bungle-Nationalpark, Westaustralien (Luftaufnahme)

auf dem talboden

kann sich in dieser heißen und trockenen Landschaft das ganze Jahr über so viel Wasser halten, dass Palmen wachsen. Doch nicht nur dort – auch in den steilen Felswänden gibt es Plateaus aus tonigem Gestein, die für Pflanzen genügend Feuchtigkeit speichern.

SERPENTINIT AUF DEM PFITSCHER JOCH IN DEN ZENTRALALPEN, ITALIEN (NAHAUFNAHME)

wegen seiner grünen farbe

und seiner Flecken wird dieses Gestein nach der Schlange, im Lateinischen »serpens«, als Serpentinit bezeichnet. Es liegt hier in einem Bachbett und wird vom Wasser überflossen. In den Klüften haben sich Eisenmineralien abgesetzt.

INSEL VOR DER OSTFRIESISCHEN KÜSTE, NORDDEUTSCHLAND (LUFTAUFNAHME)

salzpflanzen

bedecken und festigen die Mitte des Eilandes, dessen Sand von der Strömung herangetragen und von den Wellen zu einer kleinen Insel angehäuft wurde. Der Kanal, der das Grün durchschneidet, ist nur bei Flut mit Wasser gefüllt.

FLUSSMÜNDUNG AN DER ROEBUCK BAY, WESTAUSTRALIEN (LUFTAUFNAHME)

Einen Wall haben Küstenströmungen und Wellen vor der Flussmündung aufgeworfen.

dieser strandhaken zwingt

den grünen Wasserlauf dazu, sich in eine große Schlinge zu legen, bevor er sich im Gezeitenbereich ausbreiten und schließlich ins Meer fließen kann.

Von junger Lava umsäumter Bergrücken Leihrnjúkur, Nordisland (Luftaufnahme)

Die Decke aus kurzem Gras legt sich im Sommer über den Boden, der die meiste Zeit des Jahres gefroren ist. Bei Tauwetter wird daraus ein nasses Gemisch, das sich langsam in Bewegung setzt.

der boden fließt

selbst an gering geneigten Hängen. Zwischen dem Grün tritt eisenhaltiges, rotes und von ätzenden Vulkangasen zersetztes, gelbliches Lavagestein zutage. Am schattigen Fuß des Hügels hält sich oft das ganze Jahr über der Schnee.

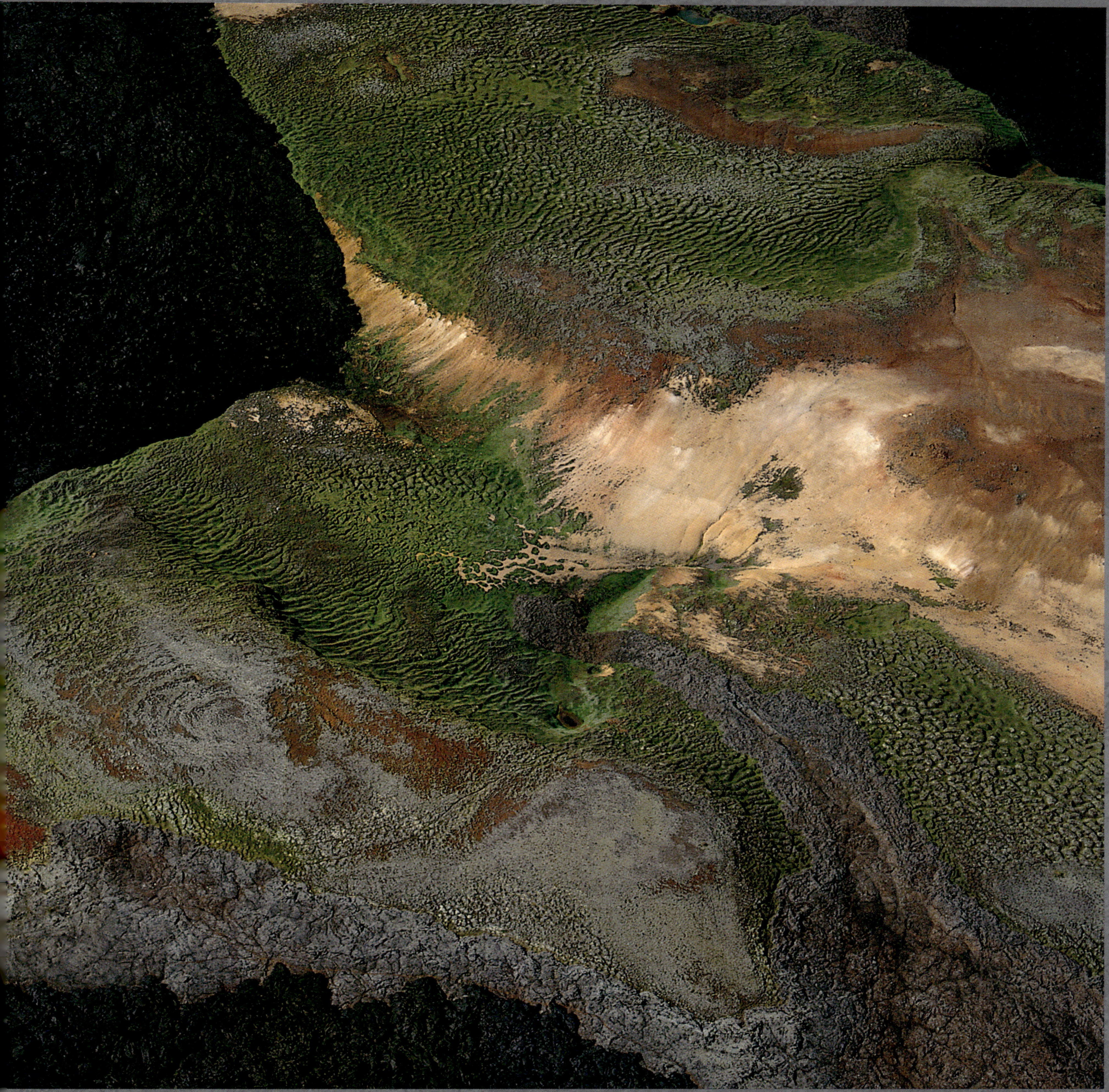

Schwemmebene im Kakadu-Nationalpark, Nordaustralien (Luftaufnahme)

Schwimmende Wiesen aus Seerosenblättern, Seegras und Lotuspflanzen liegen als Flecken

leuchtend grün

auf dem graubraunen Wasser, das nur zur Monsunzeit die Senke füllt. Während der Trockenperiode sind See und Pflanzen verschwunden. Der Boden liegt dann bloß und ist von Trockenrissen durchzogen.

TALMÄANDER DES GREEN RIVER IM CANYONLANDS NATIONALPARK, UTAH, USA (LUFTAUFNAHME)

in schlingen legen

sich Flüsse, wenn sie über einen flachen Untergrund fließen. Der Green River hat sich im Lauf von Jahrmillionen tief in das Sandsteinplateau eingegraben. Schwebstoffe lassen sein Wasser grün erscheinen.

Alligator River im Kakadu-Nationalpark, Nordaustralien (Luftaufnahme)

klare trennlinien

durchziehen den Gezeitenbereich des Alligator-Flusses: Ein schmaler Gürtel aus Mangroven bildet die Grenze zum Land. Im Fluss grenzt das Wasser des Hauptstromes, das stark mit Schwebstoffen und Algen beladen ist, an das weniger trübe Wasser, das ein Nebenarm ins Flussbett spült. Die unterschiedliche Dichte hindert die beiden Wasser daran, sich zu vermischen.

Tsondabvlei, nur sporadisch gefülltes Seebecken in der Sandwüste Namibias, Südwestafrika (Luftaufnahme)

ein tiefgrüner teppich

aus Algen liegt auf dem salzigen Boden des Flussbettes. Das Wasser eines starken Regengusses, das noch wenige Tage zuvor darüber strömte, hat sich in einer Senke zwischen den Dünen gefangen und verdunstet.

Halbinsel im Mückensee, Nordisland (Luftaufnahme)

Erst vor etwa 2000 Jahren floss hier ein glühender Lavastrom über feuchten Untergrund. Plötzliche Dampfexplosionen warfen diese Kraterkegel, so genannte Pseudokrater, auf. Jetzt ist

saftiges gras

über die pockennarbige Landschaft gewachsen. Isländische Bauern mähen es ab und lagern es ein als Winterfutter für ihre Schafe.

Flusssystem im Ord-River-Delta, Westaustralien (Luftaufnahme)

Meerwasser dringt mit der Flut durch die Flussläufe ins Landesinnere vor und überspült die Ufer.

ein buschiger saum

aus Mangroven zieht sich an den Wasserrinnen entlang. Er markiert den Wasserstand bei Flut. Nur bei extremem Hochwasser werden auch die grauen Schlickflächen überschwemmt.

braun

Braun gehört ebenso wie Gelb und Rot zu den Farben der Verwitterung. Es wird auch durch Eisenmineralien hervorgerufen, oft durch eine Mischung von roten Eisenoxiden und den mehr gelblichen Eisenhydroxiden. Dies ist eigentlich nichts anderes als Rost und kann in allen Klimaregionen der Erde vorkommen. In der Bodenkrume im feuchten Mitteleuropa beispielsweise sind die einzelnen Gesteinspartikel von Häutchen aus Eisenhydroxid überzogen. In den ariden Gebieten überzieht brauner Wüstenlack oft große Felsflächen. Diese Kruste ist ein Produkt der trockenen Hitze. Die hohen Temperaturen entziehen dem Gestein die winzigen Wassermengen, die der morgendliche Tau oder einer der seltenen Regenfälle in dessen Poren zurücklässt. Die Feuchtigkeit steigt nach und nach durch feinste Hohlräume zur Oberfläche und löst dabei Eisen- und Manganmineralien aus dem Gestein. Während sie verdunstet, setzen sich die Eisenmineralien ab und bilden den braunen Überzug.

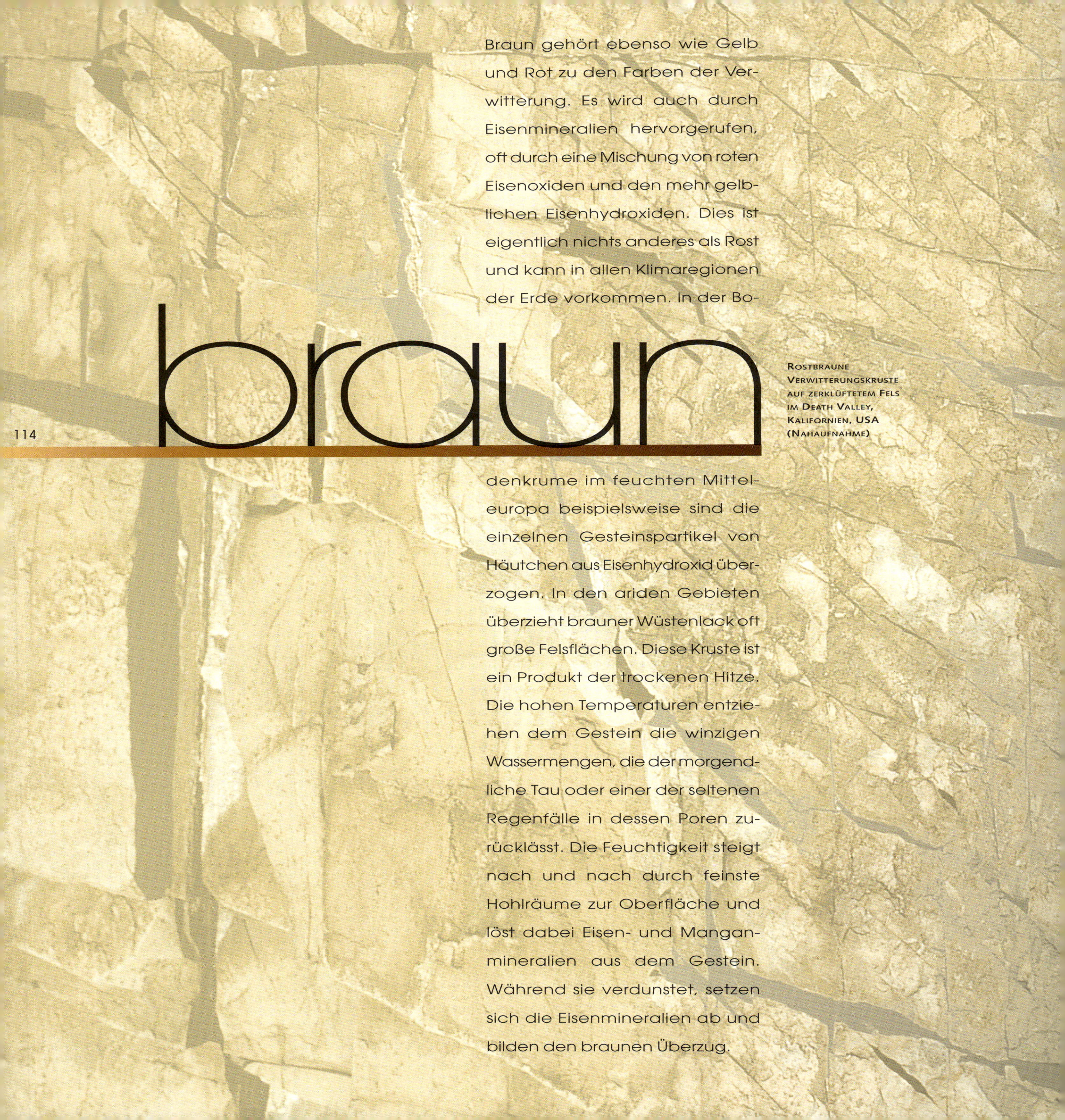

Rostbraune Verwitterungskruste auf zerklüftetem Fels im Death Valley, Kalifornien, USA (Nahaufnahme)

Gebirgsketten bei Marree in Südaustralien (Luftaufnahme)

aus der erd-urzeit

stammen diese braunen eisenhaltigen Gesteine. Sie wurden als älteste Schichten eines bis 7500 Meter dicken Schichtpaketes vor mehr als einer Milliarde Jahre abgelagert und erst 500 Millionen Jahre später durch Bewegungen in der Erdkruste zum Gebirge aufgefaltet. Die Verwitterung hat im Verlauf weiterer Jahrmillionen dessen innere Struktur freigelegt.

Rötbachl am Pfitscher Joch in den Zentral-alpen, Italien (Nahaufnahme)

zum leuchten bringt

das Wasser die rotbraune Farbe des Bachbetts. Die Quelle liegt weit entfernt in Schiefergesteinen, die das Eisensulfid Pyrit enthalten. Bei der Zersetzung des Pyrits entstehen die rotbraunen Eisenhydroxide, die nun den Fels im Bachbett färben.

Dünen in der Namib-Wüste, Südwestafrika (Luftaufnahme)

mächtige sterndünen

erheben sich aus einem Meer von gelbbraunem Sand. Ihre Kämme sind radialstrahlig ausgerichtet – ein Zeichen dafür, dass der Wind hier aus vielen verschiedenen Richtungen weht.

IM NEEDLES DISTRICT, CANYONLANDS NATIONAL PARK, UTAH, USA (LUFTAUFNAHME)

In felsrippen

und Felstürme zerlegt die Verwitterung den Sandstein, der aus horizontalen Schichten unterschiedlicher Farbe aufgebaut ist. Wind und Wasser greifen vor allem entlang der parallel verlaufenden Klüfte an und vertiefen sie.

Hügel in der Paria Wilderness, Utah, USA (Luftaufnahme)

ein steinernes meer

hat die Verwitterung aus dem eisenhaltigen Fels herauspräpariert. Dieser besteht aus fest miteinander verbackenen Sand- und Staubkörnern, die im Erdmittelalter in einer Wüste abgelagert wurden. Die gekreutzten Schichten gelten als untrügliches Zeichen dafür, dass Winde aus wechselnden Richtungen den Sand und Staub zu Dünen angeweht haben.

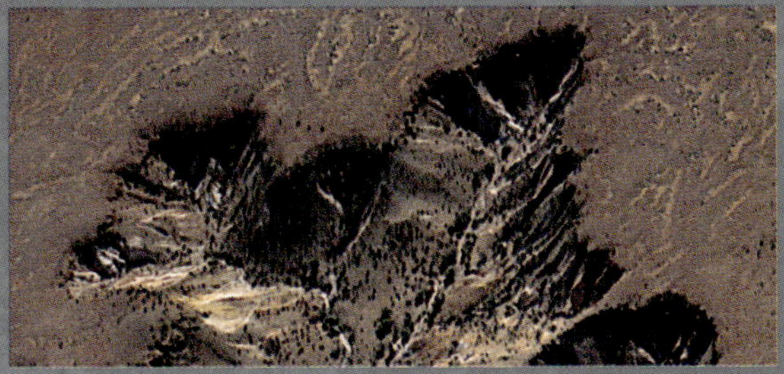

Gibber Plains, Steinwüste in Zentralaustralien (Luftaufnahme)

Während der seltenen Regenfälle spült das Wasser nach und nach Stücke des Plateaus weg.

die rotbraune kruste

ist nicht fest genug, um die Hochebene vor der Erosion zu schützen. Weißes Gestein kommt zutage, wo Edelsteinsucher auf der Jagd nach Opalen den Untergrund durchwühlen.

LEHMBODEN IN DER MOHAVE-WÜSTE KALIFORNIENS, USA (NAHAUFNAHME)

hart gebacken

von der Sonne sind die vielen Türme, die Relikte eines tiefgründigen Lehmbodens, der vollständig ausgetrocknet und dabei zerrissen ist. Die Furchen dazwischen reichen 15 Zentimeter tief.

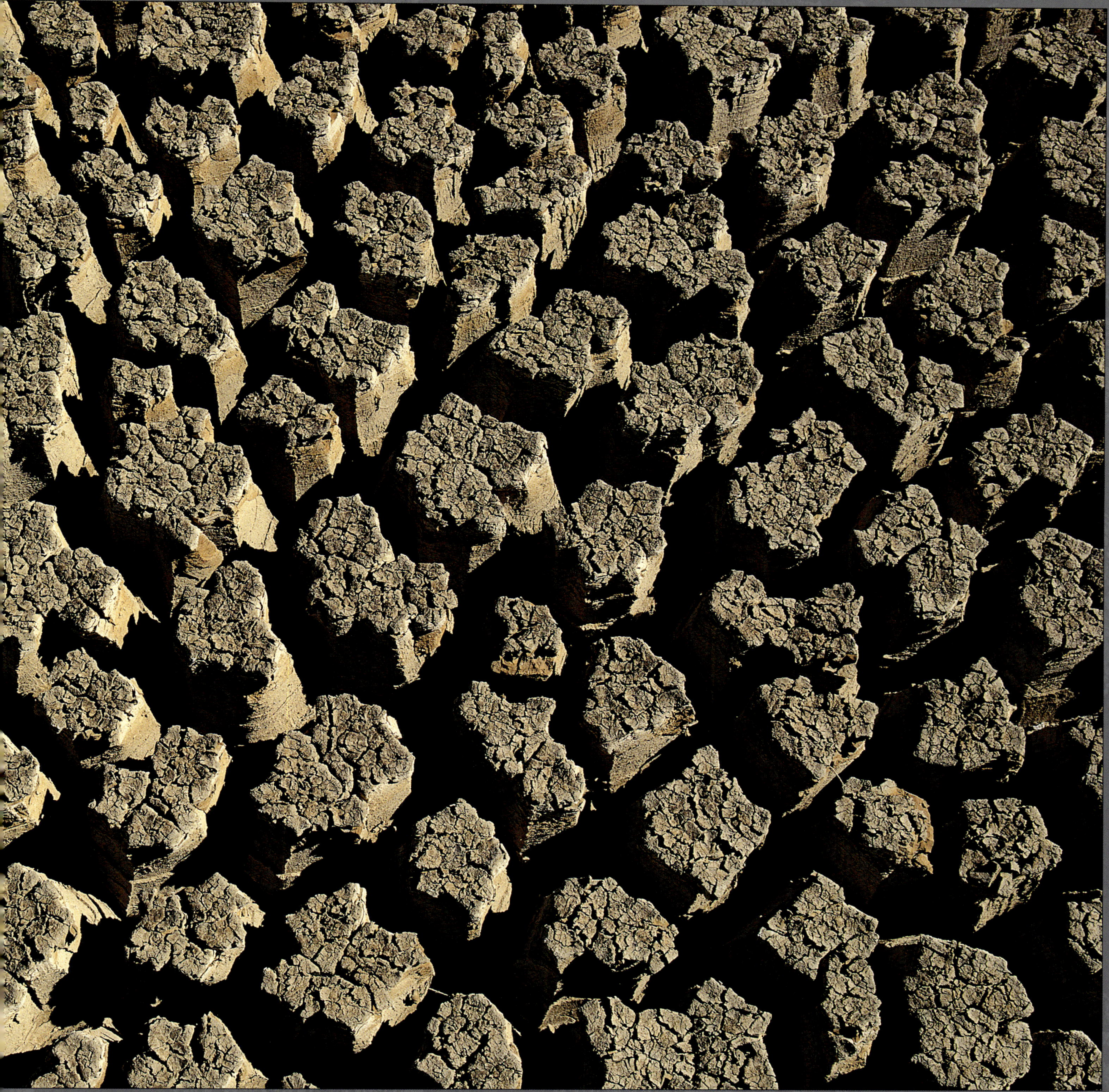

Am Natronsee
in Tansania,
Ostafrika
(Luftaufnahme)

Wie von einer anderen Welt erscheint das Delta am Natronsee, dessen Wasser in der sengenden Hitze verdunstet.

tiefbrauner seeboden

der bei niedrigem Pegelstand am Ufer zutage tritt, ist von weißen Salzen nahe gelegener Sodaquellen bedeckt. Dünne Salzplatten schwimmen auch auf dem Wasser.

Bungle-Bungle-Nationalpark, Westaustralien (Luftaufnahme)

Bienenkörbe nennen die Einheimischen die gestreiften Felskuppen, deren rundliche Formen im Lauf von Jahrmillionen durch Flüsse geschaffen wurden.

die braunen schichten

sind aus gröberem Sandstein. Dieser trocknet nach Regenfällen in der heißen Sonne dieser Halbwüste rasch. Die tonreicheren, poröseren Schichten dagegen können die Feuchtigkeit besser speichern. Dort überziehen Cyanobakterien den Fels und färben ihn grau.

Grautöne, Weiß und Schwarz – alle diese Farben treffen sich auf Gletschern, die Schutt mit ihrem Eis zu Tal tragen. Schwarz bis grau sind Gesteinsbrocken, Sand und Staub der Moränenwälle auf ihrem Rücken, weiß ist das Eis. Doch nicht nur in kalten Regionen der Erde, auch in den heißen Wüstengebieten kann die Farbe

schwarz
und weiss

Weiß große Flächen überdecken, wenn sich Mineralsalze in ausgetrockneten Flussbetten und Seebecken sammeln. Das Wasser der seltenen Regenfälle hat sie aus dem Gestein herausgelöst und oft kilometerweit transportiert. Dort, wo das Wasser verdunstet, kristallisieren die Salze aus. Tiefschwarz ist die Erdoberfläche rund um aktive Vulkane, wenn nach einem Ausbruch Asche oder erkaltete Lava die Hänge bedecken. Sofort greift die Verwitterung an. Innerhalb weniger Jahre oder Jahrzehnte werden Aschen und Gestein zersetzt, und erste Pflanzen beginnen darauf zu wachsen.

MORÄNENSCHUTT AUF DEM MALASPINA-GLETSCHER, ALASKA, USA (LUFTAUFNAHME)

Salzseen auf der Carrizo Plain in Kalifornien, USA (Luftaufnahme)

weiß schimmernde salze

zeichnen die verästelten Rinnen und die Senken nach, in denen sich Regenwasser sammelt und in der Wüstensonne verdunstet.

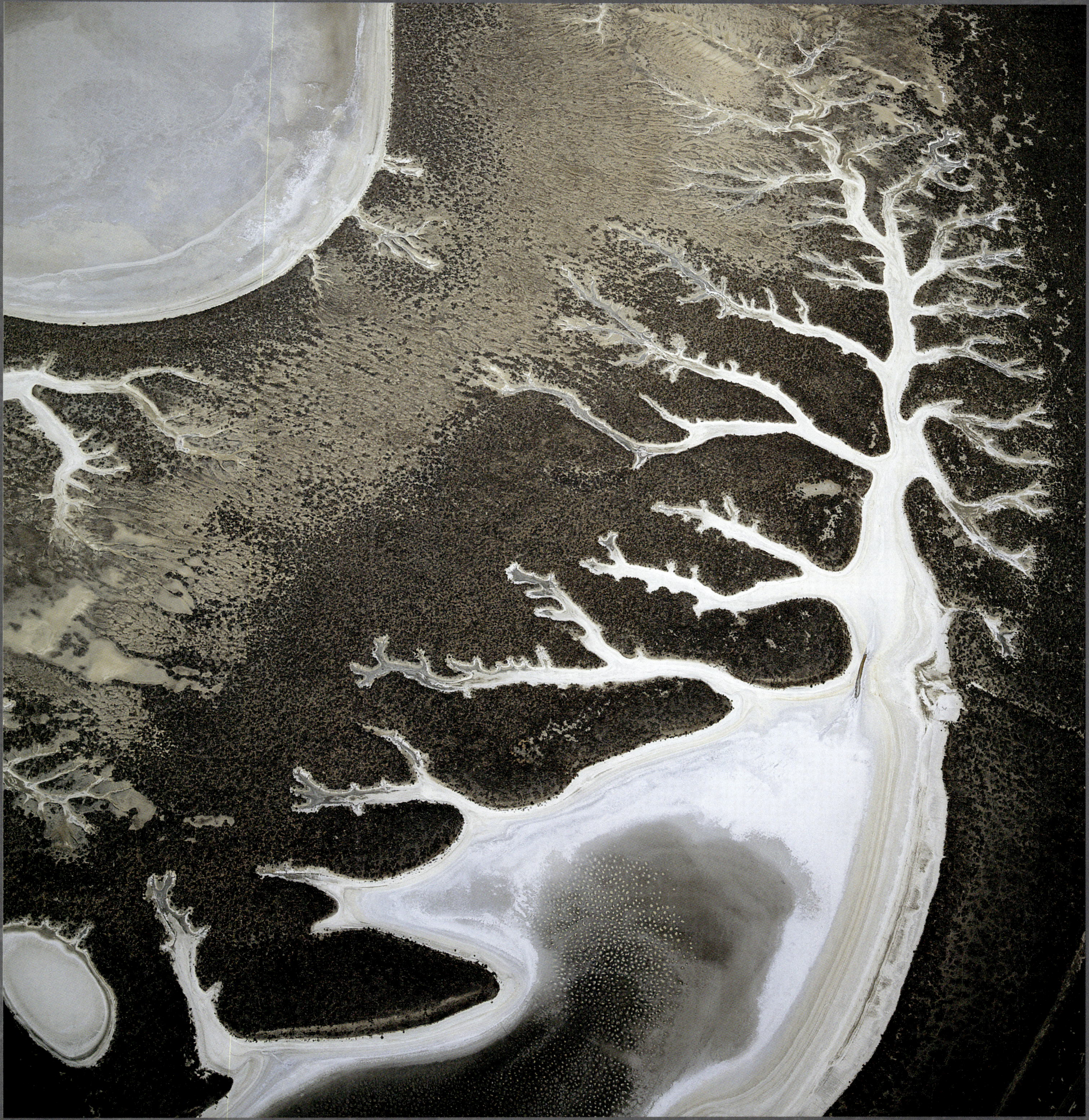

Schlamm-
eruption
am Námafjall,
Nordisland

heißer schlamm

fliegt in Fetzen durch die Luft, sobald ein Schwall ätzender Gase aus dem vulkanischen Boden hervorbricht, und ein stechender Geruch macht sich in der Umgebung breit.

Mammoth Hot Springs, Yellowstone-Nationalpark, Wyoming, USA (Luftaufnahme)

warmes kalkreiches wasser

sprudelt in heißen Quellen aus dem Boden des Yellowstone-Nationalparks. An der kühlen Luft fällt der Kalk aus und bildet eine weiße Kruste. Im Lauf der Zeit bauen sich prächtige Kaskaden auf. Matten aus abgestorbenen Algen färben sie stellenweise grau.

Sodaquellen in den Salzsümpfen des Natronsees, Tansania, Ostafrika (Luftaufnahme)

weiße wirbel

aus Mineralsalzen liegen dort auf dem dunklen, verkrusteten Sumpf, wo sodahaltige Quellen aus dem Untergrund empordringen. Die gleichen weißen Salze bilden auch das feine Netz, das die Trockenrisse der Kruste nachzeichnet.

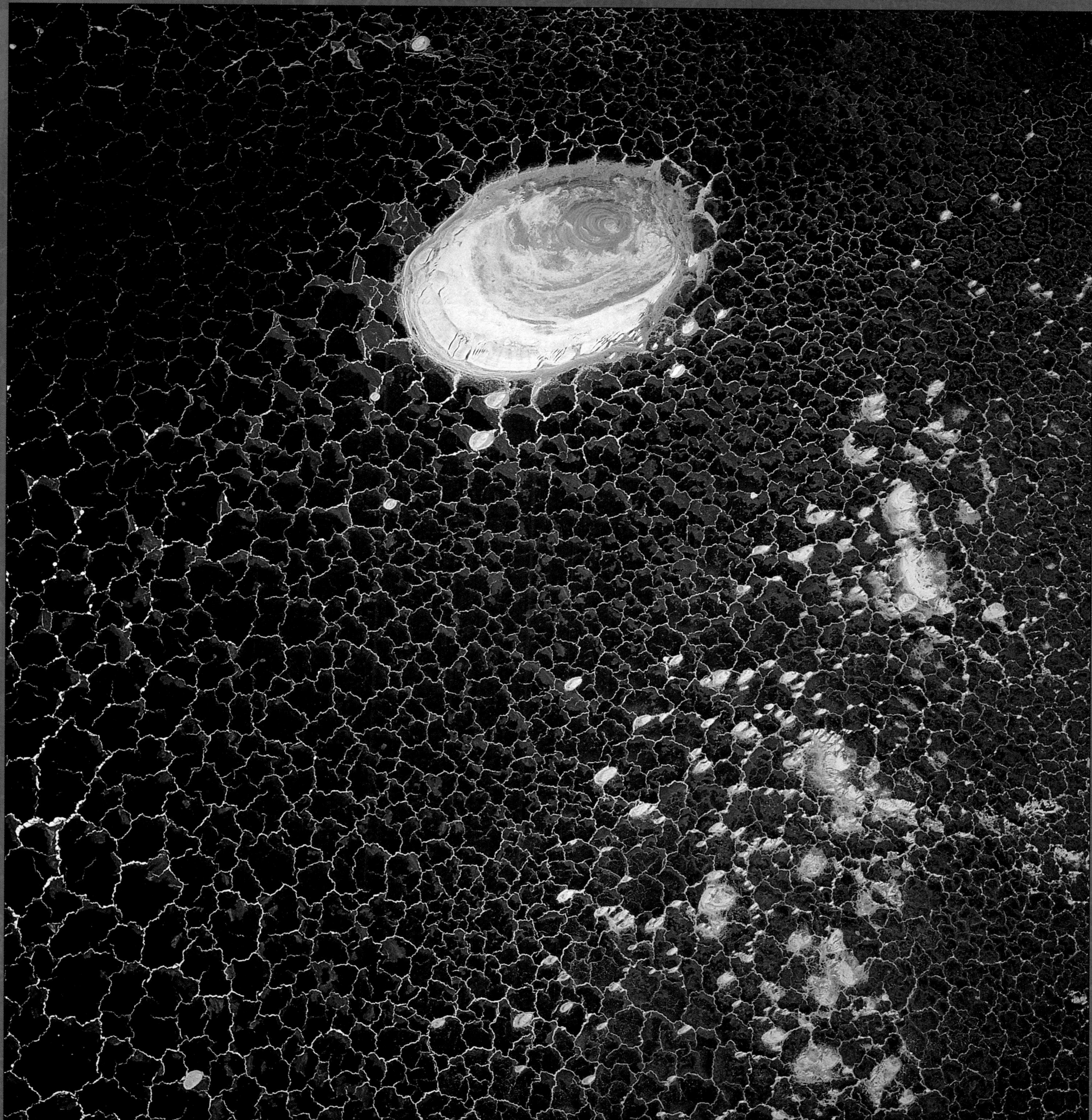

Badlands im Big Horn Basin, Wyoming, USA (Luftaufnahme)

vulkanische aschen

geben der zerfurchten Bergflanke diese blauschwarze Farbe. Sie zeugen von heftigen Ausbrüchen, die sich vor Jahrmillionen viele Kilometer von diesem Ort entfernt abgespielt haben. Die Krater existieren heute nicht mehr. Regen und Wind haben sie abgetragen.

SALZSEE IM
DEATH VALLEY,
KALIFORNIEN, USA
(NAHAUFNAHME)

In der heißen Wüstensonne zerbirst die weiße Kruste des Salzsees in

unzählige polygone

von ein bis drei Meter Durchmesser. Entlang der Trockenrisse entweicht Feuchtigkeit aus dem schlammigen Untergrund. Dadurch wölben sich die Ränder dieser Vielecke auf. Salzpartikel, die aus dem verdunstenden Wasser auskristallisieren, türmen sich dort übereinander.

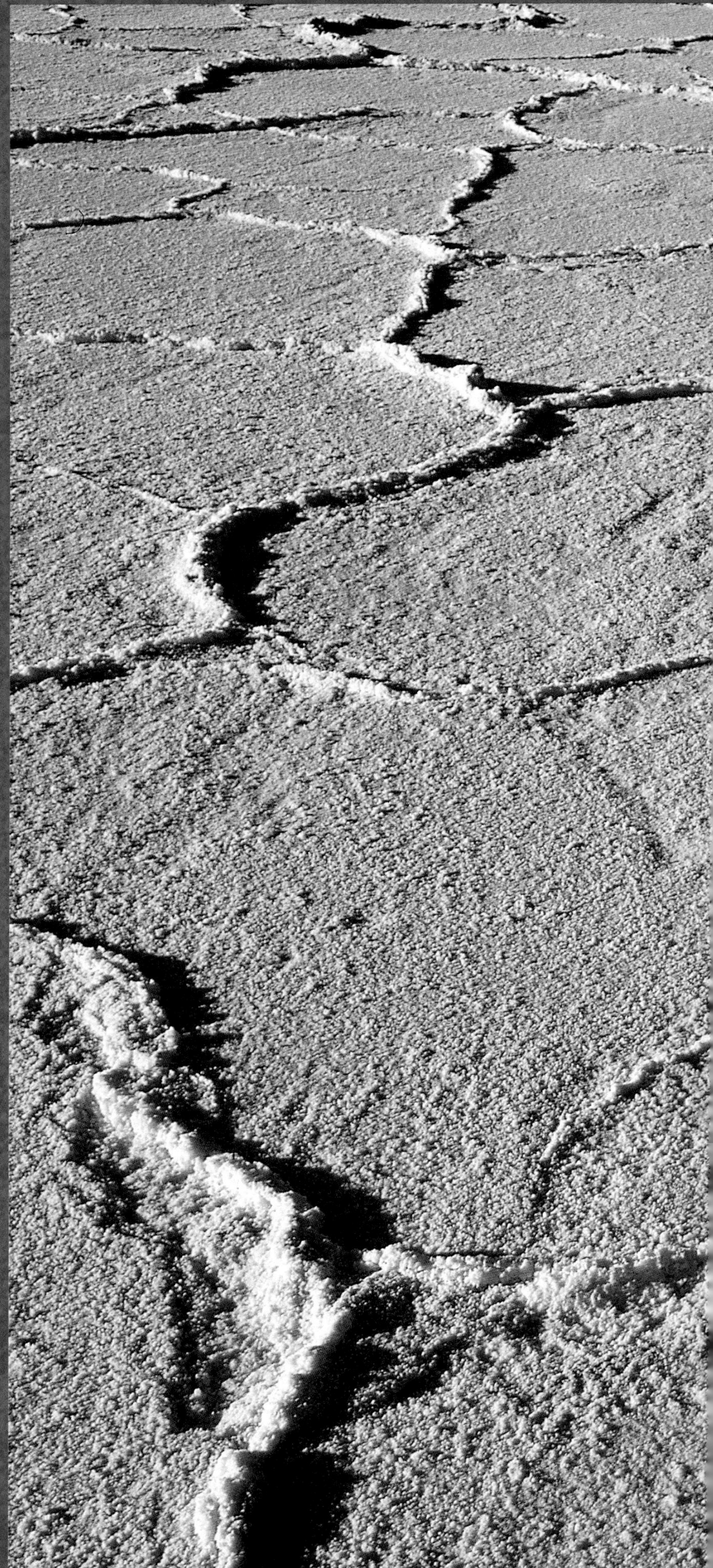

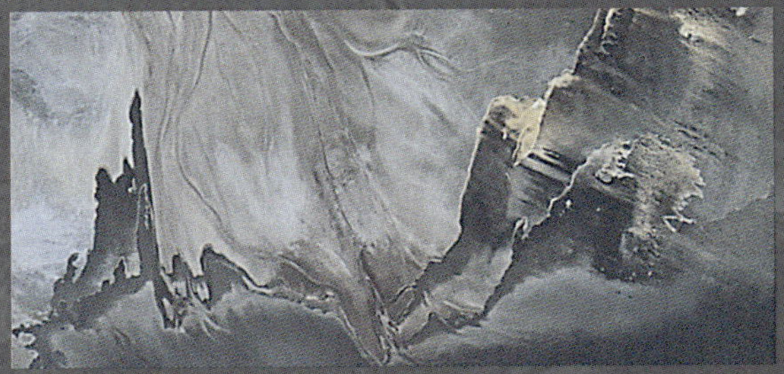

Delta am Natronsee, Tansania, Ostafrika (Luftaufnahme)

Die Lava und Aschen des Vulkans Oldionyo Lengai sind der Ursprung dieser Deltasande. Sie sind

reich an kalk

verwittern leicht und zerfallen dabei zu grauem Schutt, den Flüsse in den nur wenige Kilometer entfernten Natronsee verfrachten.

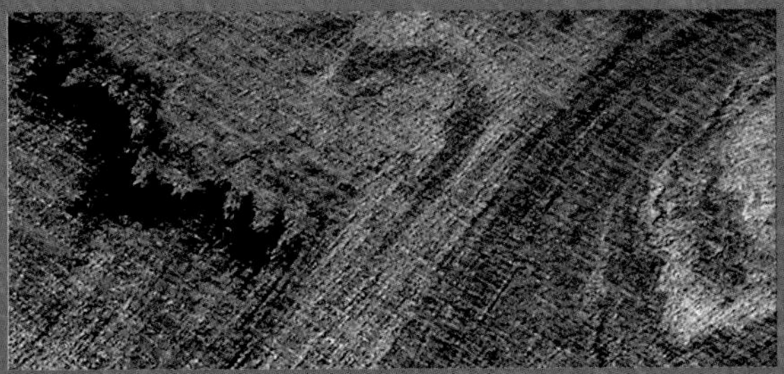

Eisstrom des Steller-Gletschers, Alaska (Luftaufnahme)

Sand und Staub der umliegenden Berge setzen sich auf dem Gletscher ab und machen das Eis grau. Sie zeichnen

die bewegung des eises

nach, das sich beim Fließen in spitze Falten legt. Die Oberfläche des Gletscher ist von unzähligen Spalten durchzogen.

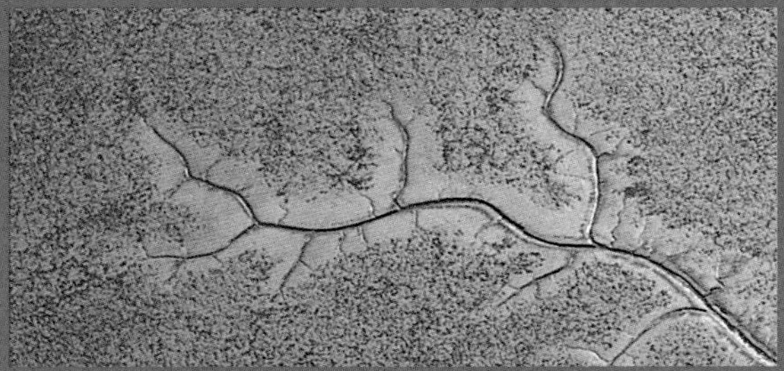

Schlickwatt und Salzmarsch an der Nordsee bei Greetsiel, Deutschland (Luftaufnahme)

in feinen linien

durchziehen die Wasserrinnen den silbrig grauen Schlick und die Salzwiesen des Watts, das im Wechsel der Gezeiten vom Meer überspült wird. Die Pflanzen halten den Schlick fest, den das Hochwasser heranträgt, und lassen so das Land allmählich wachsen.

nachwort

Nach dem großen Erfolg des Bildbands GeoArt – Kunstwerk Erde war es für alle Beteiligten naheliegend, das Fotoprojekt GeoArt mit einer weiteren Publikation fortzuführen. Waren im ersten Band die Formen und Strukturen der Erdkruste das beherrschende Thema, so widmet sich Atelier Erde dem facettenreichen Farbenspektrum unseres Planeten.

In Analogie zum gesamten GeoArt-Projekt werden in der aktuellen Fortsetzung weder die zumeist plakativen Farben der von Menschen geschaffenen Kulturlandschaften, noch die dekorative Farbenpracht in der Pflanzen- und Tierwelt abgehandelt. Vielmehr sollen die subtilen Farbnuancen der »unbelebten« Natur den Betrachter fesseln.

Auch in Atelier Erde dominieren Luftaufnahmen. Die Perspektive senkrecht zur Erdoberfläche erlaubt durch bewusstes Abstrahieren eine klare Bildaussage und lässt dabei weder Manipulation noch Inszenierung zu. Erst diese Aufsicht ermöglicht neue Einblicke in eine unerwartete Farbwelt.

Nehmen wir das Beispiel Bahamas-Bank: Während man vom Boot aus die unterschiedlichen Blautöne des Meeres nur erahnen kann, eröffnet die Vogelperspektive eine Orgie aus Blau- und Weißschattierungen, im Sucher der Kamera entstehen faszinierende Gemälde.

So findet sich der Betrachter in einer surreal anmutenden Welt der pittoresken Farbspielereien wieder. Es entsteht ein Hin und Her zwischen Nähe und Distanz, konkret Erkennbarem und Abstraktion. Und dennoch – alle Bilder sind gleichzeitig geologische Dokumente, Momentaufnahmen von Landschaften im Umbruch. Die begleitenden Bildtexte liefern die notwendigen Anhaltspunkte zu einer Rückkehr auf den »festen Boden« der fassbaren Realität, ohne dem Betrachter der Fotografien den Raum für subjektive Assoziationen zu nehmen.

Über die gegenständliche Information hinaus offenbart die Schau auf die Erde von oben deren verborgene Schönheit. Es ist die der modernen Malerei eigene »Schule des Sehens«, die in der irdischen Realität Abstraktes erkennen lässt. Die Fotografie ist dabei technisches Hilfsmittel, das unsere Blicke auf das Wesentliche fokussieren soll.

Verlag und Autoren

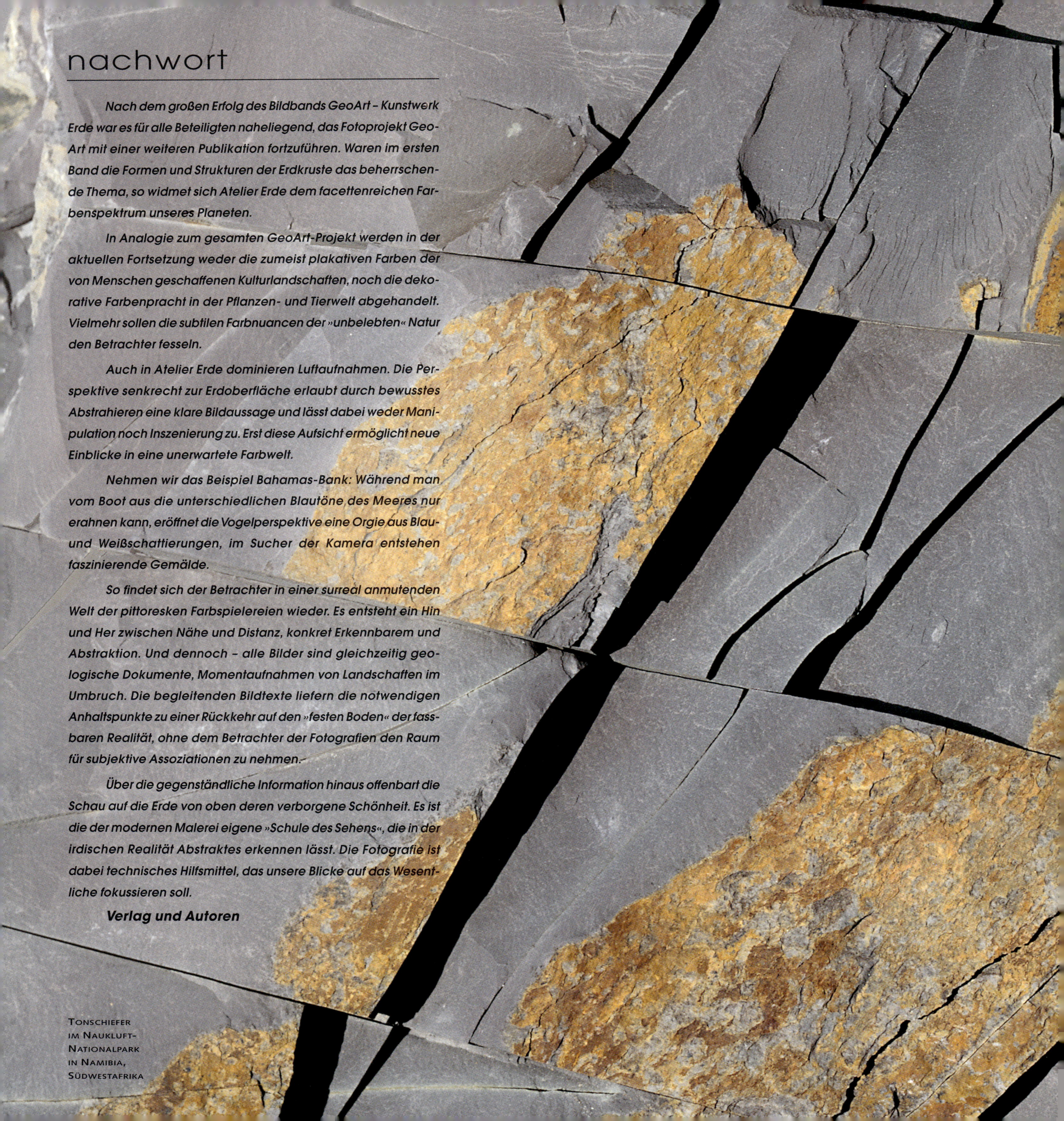

Tonschiefer im Naukluft-Nationalpark in Namibia, Südwestafrika

danksagung

Das Buchprojekt wurde unterstützt von:

Saevar Skaptason (Islandic Farm Holiday, Reykjavik, Island)

Barbara Schachenmann (Arusha in Tansania, Ostafrika)

Douglas Sprigg (Arkaroola, Australien)

Hoopoe Tours, London

CA Ferntouristik, München

Für fachliche Informationen danken wir:

Prof. Dr. Peter Kronberg (Geologisches Institut der technischen Universität Clausthal, Clausthal-Zellerfeld)

Dr. Michael Rieder (Institut für Allgemeine, Angewandte und Ingenieurgeologie der TU München)

daten zur fotoausrüstung

Kameras HASSELBLAD 201 F und Flexbody mit Objektiven ZEISS Distagon 4/40 mm FLE, Distagon 4/50 mm FLE, Distagon 3,5/60 mm, Planar 2,8/80 mm, Planar 3,5/100 mm, Makro-Planar 4/120 mm, Sonnar 4/150 mm, Tele-Tessar FE 4/250 mm, Sonnar Superachromat 5,6/250 mm.

Alle Fotos wurden ohne Farbfilter aufgenommen. Die Reproduktionen sind naturgetreu; es wurde keine elektronische Bildmanipulation durchgeführt.

Artwork, das als Hintergrund unterlegt ist, wurde aus Elementen der Fotos aufgebaut und elektronisch berarbeitet.

Mehr unter: www.geophot.de

fotos von innentitel, vor- und nachsatz

Innentitelei: *Quarzsandstein am Gantheaume Point bei Broome, Westaustralien*

Vorsatz: *Gezeitenbereich in der Roebuck Bay, Westaustralien*

Nachsatz: *Salzsümpfe am Natronsee in Tansania, Ostafrika*

impressum

Bibliografische Information Der Deutschen Bibliothek

Die Deutsche Bibliothek verzeichnet diese Publikation in der Deutschen Nationalbibliografie; detaillierte bibiografische Daten sind im Internet über http://dnb.ddb.de abrufbar.

Dritte, durchgesehene Auflage, Sonderausgabe

BLV Verlagsgesellschaft mbH, München Wien Zürich 80797 München

Papier: 150 g/m² nopaCoat Prestige matt, made by Nordland Papier, geliefert von PAPIER UNION

UMSCHLAGGESTALTUNG: Anja Masuch, Puchheim bei München

LEKTORAT: Dr. Friedrich Kögel

LAYOUT UND SATZ: Andrea Langenfass Atelier Langenfass, Ismaning

HERSTELLUNG: Hannelore Diehl

LITHO: Fotolito Longo, Bozen

Printed in Germany · ISBN 3-405-16830-9